灵芽传

中华茶文化史诗书画谱

蔡镇楚　著

U0289343

五洲传播出版社·北京
China Intercontinental Press

《灵芽传》编辑委员会名单

神农茶歌

蔡镇楚

三月桃花谷雨天，嘉木灵芽满山川。
神农大帝尝百草，以茶解毒万口传。
林邑之野作耒耜，播雨耕云教种田。
农耕之神化春雨，江南江北各争先。
天降嘉禾成福地，白鹿芳原啼杜鹃。
茶陵今日多香烛，千古神话飞清泉。
问苍天：神农兮何缘？
湘茶丝韵湘妃弦。
问大地：茶祖兮何焉？
月映湘江水涓涓。
叶嘉传人醉春风，皎如玉树洁如仙。
卢仝生风七碗茶，茶禅一味碧岩泉。
东坡佳茗似佳人，茶中三昧吐云烟。
君子之交淡如水，文人斗茶诗百篇。
茶马古道走四海，悠悠乾坤结茶缘。
盛世长祭炎帝灵，五谷丰稔太平年。
君不见茶中圣，陆羽经，
茶之为饮发神农，
挥毫落笔惊世贤。
君不见壶中茶，杯中月，
茶祖穆兮巍巍然，
茶仙美兮舞翩跹。

神農茶歌
三月桃花谷雨天
荆湘靈芽满山川
神農大帝嘗百草
以茶解毒万口傳
林邑之野作耒耜
播雨耕雲教种田
農耕之神化春雨
江南江北各爭先
天降嘉禾战福地
白鹿芳原啼杜鵑
茶陵今日多香烛
千古神話說清泉
問蒼天，神農兮何緣？
清茶綠竹湘妃弦
問大地，茶祖兮何焉？
月映千江水涓涓
叶嘉傳人醉春風
皎如玉樹洁如仙
卢仝生风七碗茶
茶禪一味碧岩泉
東坡佳若似佳人
茶中三昧吐雲烟
君子之交淡如水
文人斗茶詩百篇
茶馬古道走四海
悠悠乾坤結茶緣
盛世長祭炎帝陵
五谷丰稔太平年
君不見
茶中聖陸羽經茶之爲飲發神農
揮毫落筆惊世賢
君不見
壺中茶杯底月茶祖穆兮巍巍然
茶仙美兮舞蹁跹
石竹山人 蔡鎮楚 題

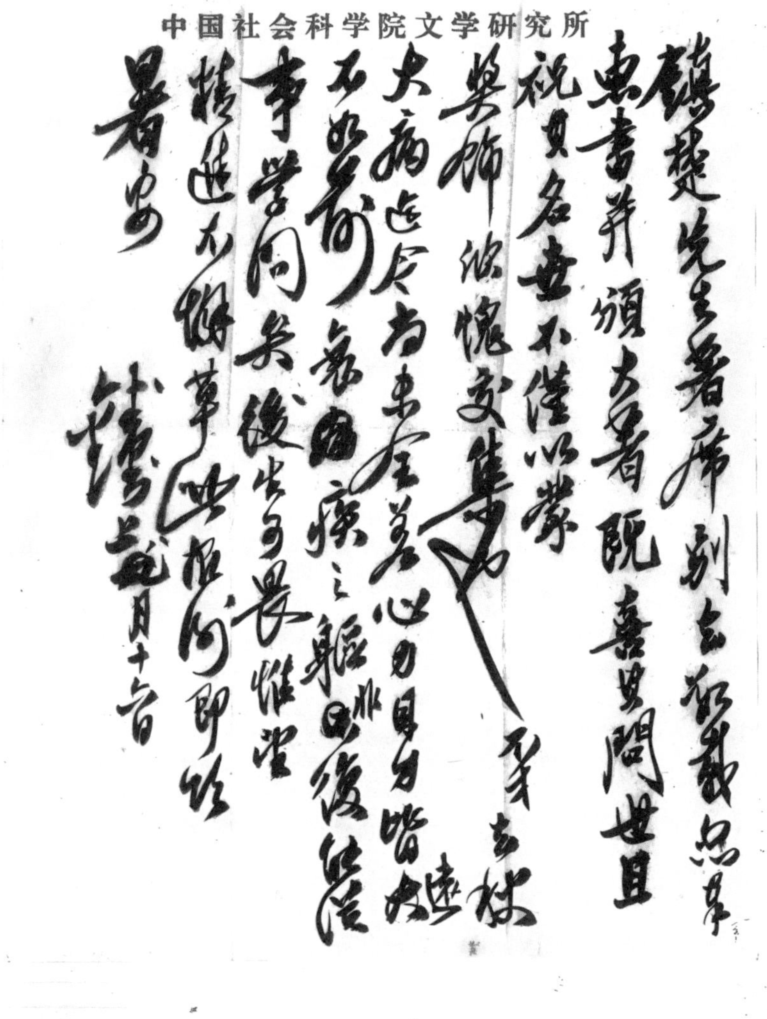

著名学者钱锺书先生1988年书信手迹

镇楚先生著席：

别去数载，忽奉惠书，并颁大著。既喜其问世，且祝其名世，不仅以蒙奖饰，欣愧交集也。不才去秋大病，迄今尚未全差，心力目力，皆远不如前。衰疾之躯非复能从事学问矣！后生可畏，惟望精进不懈。草此报谢，即颂暑安。

钱锺书上八月十六日

序言

火之为用，使人类得以生存；茶之为饮，使人类得以文明。

茶叶何为？茶的魅力何在？2008年北京奥运会开幕式出现“茶”与“和”两个篆体字，足以说明茶是天地人和的宁馨儿，是中华民族的文化符号。鼎中茶，杯底月，一片片绿叶，一杯杯清茶，阴阳八卦、天地人三才、儒道释三教、真善美三境、金木水火土五行，五千年中华民族优秀传统文化，十几亿中国人乃至全世界爱茶人的生活方式、审美情趣和社会人生，尽在其中矣！

这部拙作《灵芽传》，秉承苏轼《叶嘉传》之旨，为博大精深的中华茶文化史立传。以《神农茶歌》为引，以《长江万里茶山图》为压轴，始于神农尝百草发现茶，而终于“2009中华茶祖节暨祭炎帝神农茶祖大典”，将五千年中华茶文化历史付诸诗情画意，诠释中国故事，108幅茶诗书画文赋，合而为《灵芽传，中华茶文化史诗书画谱》，象征着“茶寿”108岁。

灵芽，是茶叶的雅称。此《灵芽传》，旨在以史诗书画的艺术形式为中华茶文化史立传，为中国茶叶改变世界立言。为此，我们坚持“三个意识”“四个结合”“五个标准”的创作原则。三个意识是史家意识、茶文化意识和世界意识，立足中国，放眼世界，力求以正确的历史观全面诠释中国乃至世界茶文化历史。四个结合是史学与考古学结合、茶科学与茶文化结合、理论与实际相结合，以及茶文化与诗书画结合。五个标准是：1. 精选茶文化史的重要人物与重大事件108例；2. 精选富有代表性与影响力者；3. 去伪存真，凡是现代有争议者不选；4. 精选具有故事性、雅俗共赏者；5. 精选具有世界意义与现实指导性者。

中国是茶的故乡，是茶文明的发祥地。其根其源在何处？在大江南北的万里茶山之中。古往今来，茶之为饮，历史悠久，气象万千，有茶史、茶诗、茶画、茶书法、茶故事等，唯以史诗书画一体化而再现五千年中华茶文化史者，乃是作者的一种创意。

我从小酷爱诗书画。初中毕业时，经美术课外活动小组老师悉心指导，我报考中央美院附中，专业与文化成绩均合格。接到面试通知后，我与在武师读书的三哥商量，兄弟俩很纠结，最终因家无钱而被迫放弃。大学毕业后，我从教从文，因研究唐宋诗词而进入中国茶文化领域。新世纪之始，与湖南农大茶学系施兆鹏教授和湖南省茶业协会曹文成会长一次美妙的邂逅之后，我们开始合作。施老搞茶科学，我搞茶文化，曹会长搞茶事活动运作。三人齐心合力，以中华茶祖神农文化研究为突破口，出版《茶祖神农》专著，举办两次全国性“中华茶祖神农文化论坛”，通过《茶祖神农，炎陵共识》，正式确立以谷雨节为中华茶祖节，促成湖南省人民政府与国家级五大茶叶社团共同主办的“2009中华茶祖节祭炎帝神农茶祖大典”。这是中国茶人三千年第一祭，世界茶人三百年第一祭，是中华茶文化史上一座巍峨的历史里程碑。

湖南茶人高举中华茶祖神农氏的旗帜，开拓进取，敢为人先，解决了谁为中华茶祖的千年论争，破解了陆羽《茶经》注释“无射山”的千古难题，确定了万里茶道以武夷山与湖南安化为两大起点，以千两茶制作工艺与历代茶叶战争改变世界格局等事实，明确提出中国茶叶同样富有阳刚之美与阴柔之美两大审美范畴，填补了茶美学的历史空白。经过十年奋斗，湖南茶业蓬勃发展，后来居上，2022年终于实现了湖南省政府打造“三湘四水五彩茶”发展格局，成为继浙江、福建之后，第三个突破“千亿茶产业”目标的茶叶大省，还创建了中国唯一一个电视茶频道即湖南卫视茶频道。湘茶乃至中华茶业取得的骄人成就，是茶文化软实力与茶科技硬实力的展现，是中华茶祖神农精神的力量之所在，证明茶文化与茶科技乃是中华茶业赖以腾飞的两大翅膀，而习近平总书记“三茶”统筹的指示精神，为中华茶业的可持续发展指明了方向，乃是推动乡村振兴的金绳宝筏。

我与茶结缘，在从事教学与学术研究的同时，恪守顾炎武“文须有益于天下”的箴言，以“无用之大用”将自我文学功底、文化修养与创作才华发挥得淋漓尽致，在茶文化领域风生水起，先后开创《诗话学》与《茶美学》两大新学科，与国内外同人一道创建“国际东方诗话学会”与“中华茶祖节”，同时坚持“诗画同源”的艺术原则，将中华茶文化与史诗书画结合，为中华茶文化史立传，为天地人立匠心，为中国茶叶改变世界立言，却始终坚守学术与学者本色，不张扬、不炒作、不计较，低调做人，恪守初心，默默奉献。然而我不是画家，也不是书法家，面对前所未有的文化创意，难亦难矣，如同歇后郑五，仅以中国古典文学、文艺学教授的孜孜不倦与日积月累，以拙著《中国品茶诗话》《茶祖神农》《茶美学》为学术基础，忠实积极，而又不揣谫陋，积十余年之功，创作而成此拙著《灵芽传：中华茶文化史诗书画谱》108幅。其创作始末，是以宏观与微观相结合，先拟写篇目、内容提要，次写诗词与文字诠释，再书写成文，最后以大斧劈皴之法配以书画，以意为主，以诠释茶史故事为尚，不追求画面完美，只求其意象化，求其史诗书画的一体化。

这是一部中华茶文化的史诗之作，悠悠五千年中华茶文化的发展历程和博大精深的文化内涵，基本囊括于其中矣。

这是一曲热情的讴歌，中华茶文化史上令人肃然起敬的历史故事、重要人物、重大事件与茶文化品牌，全部沉淀在这108幅诗书画里。

这也是一种热切的祝福，寄托中华茶人对人类健康的美好祝愿：“岂止于米，相期以茶”；米寿八十八岁，茶寿一百零八岁。我在此真诚祝愿爱茶人，与茶同行，与茶同乐，与茶同寿。

吾本笨拙，故作笨鸟先飞。焚膏油以继晷，恒兀兀以穷年。此拙著从初稿到定稿，已历时十余载，根据以上选择标准与创作原则，多幅字画，屡经修改，数易其稿，呕心沥血，力不从心之感油然而生，亦能自成一体，自娱自乐矣。创作之艰，有幸得到夫人梅子与宁宁岚岚以及广大师友茶友之助，学生张博文镌刻“中华茶文化史诗书画谱”篆体印章加盖之，《湖南日报》摄影记者王小华帮助我首批拍摄，湖南经视弟子范诚与湖南广电外甥吴瑛，先后请人扫描拍照定稿，湖师大计算机学院副教授曾道建博士多次帮助我修复电脑与文稿目录排版，新华网董晓欣女士及其团队曾几次来长沙，为拙著出版而不辞辛劳，在此一并表示诚挚感谢。在十几年的撰稿与绘图中，我不敢掠人之美，主要参考资料已列于卷尾，洋洋大观，某些构图曾参阅的图像大多已注明出处，若有因十几年时序已久、不记得出处而有疏漏不到之处，谨请方家见谅，并特致谢忱。是耶非耶？知我罪我？功业几何？天地日月可鉴。

石竹山人蔡镇楚

2012年重阳节初稿

2023年教师节修改稿

目录

靈芝傳

1 | 神农尝百草

苍穹济济育灵芽，穆穆乾坤飞彩霞。
茶祖神农尝百草，五洲共饮中华茶。

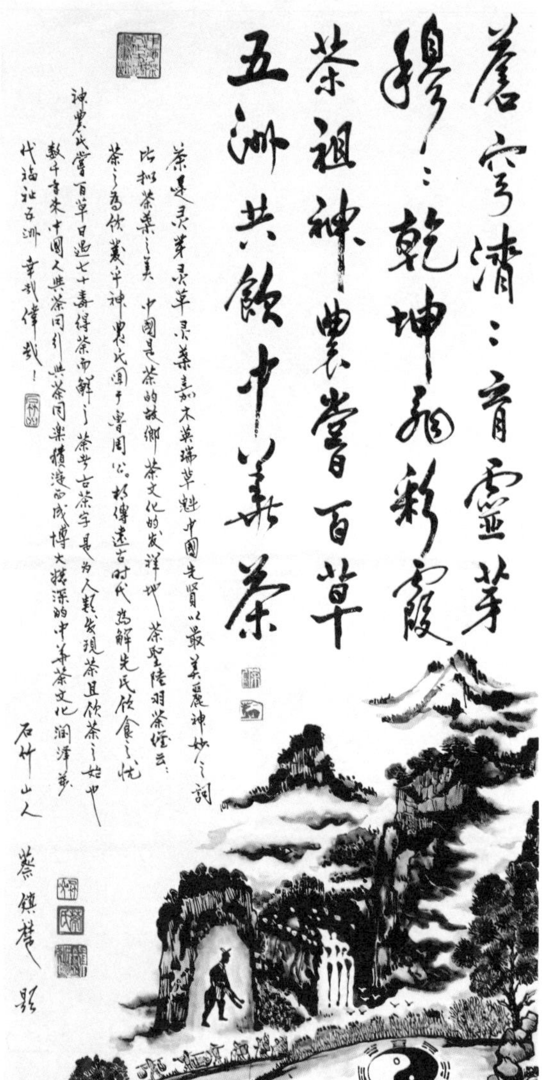

此幅诗书画图描述神农尝百草而发现茶，运用神话传说与历史相结合、想象与意象化合一的艺术手法，以神州山岳与远古山民劳作为背景。因远古神农氏的形象难以描述，以其演绎的伏羲八卦图为地，将历代流传的神农耕作图像镌刻在山崖上，讴歌中华始祖的丰功伟业与山岳共存、与日月同辉。

你从远古神话中走来，披着缥缈灵动的羽衣霓裳；你从茶叶王国的山水自然中走来，承载着东方大国的风韵神采。你是绿色天使，是天地自然给人类生灵的赐予；你是灵芽使者，中国人以最灵妙而美丽的字眼儿来形容茶叶之美。鼎中茶，杯底月，一杯清茶改变了中国人的生活方式和审美情趣。

远古时期，先民茹毛饮血，以野草、野果、野兽为食。为解百姓饮食之困，神农氏忧天下，遍尝百草，屡屡中毒，以茶叶解毒，最后因误食断肠草而死。神农氏并非一人，相传神农氏部族首领八代，代代相袭，其墓地在山西高平，湖北随州，湖南炎陵县、安仁县与会同县。

《神农本草经》云："神农尝百草，日遇七十二毒，得荼而解之。"荼，即茶。茶的饮用与医药功能，就是神农氏发现的。[1]清人陈元龙《格致镜原》沿引《本草》云："神农尝百草，一日而遇七十毒，得茶以解之。今人服药不饮茶，恐解药也。"清人孙璧文《新义录·饮食卷》沿引《神农本草经》说："《本草》则曰：神农尝百草，一日而遇七十毒，得茶以解之。陆羽《茶经》亦谓'茶之为饮，发乎神农氏'。则其由来久矣。"陈元龙和孙璧文之引语，皆言其文出自《本草》。无论是何种《本草》，都代表古人对茶祖神农的肯定和文化认同。

当今之世，我们品茶论道，以茶养生，不可数典忘祖。茶圣陆羽《茶经》指出："茶之为饮，发乎神农氏，闻于鲁周公。"这是经典的权威之论。远古帝王炎帝神农氏，尝百草，以茶解毒，制耒耜，教农耕，是有文字记载的第一位发现茶和吃茶的人，作为中国农耕之神的神农氏，乃是中国乃至世界的茶祖。

---

[1] 蔡镇楚，曹文成，陈晓阳．茶祖神农 [M]. 中南大学出版社，2007.

2 仓颉造茶字

仓颉造文神鬼泣，象形汉字贯长虹。
茶源天地自然韵，意取人娱草木中。

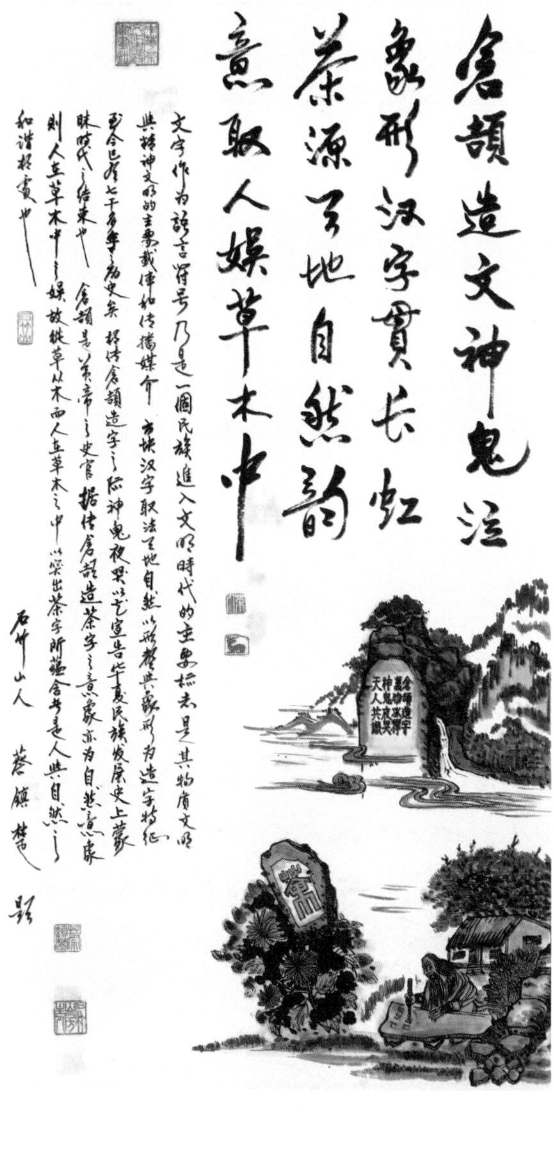

此幅诗书画图之写仓颉造字，运用夸张与意象化相结合的艺术手法，以仓颉造字为主体，以篆体“荼”字为中心，以山水自然意象为背景，将“仓颉造字，万物冰释；神鬼夜哭，天人共识”十六个字镌刻在高峻山崖上，以突出仓颉造字的文化内涵。“荼”从“艹”从“人”从“木”，取“人在草木之中”之意，象征人类与自然和谐相处。

文字作为语言符号，是人类社会进入文明时代的主要标志，是物质文明与精神文明的主要载体和传播媒介。

东汉许慎《说文解字·序》记载，远古时代结绳记事，人们靠口耳相传。相传黄帝轩辕氏大臣仓颉奉命造“文”，又将文赋予固定形状与读音，称为“字”。许慎认为，字源于文，文源于象形，仓颉以天地自然为意象，整理汇编，创制汉字，揭示世上万事万物的名称与本质特征，宣告华夏民族发展史上蒙昧时代的结束，惊天地，泣鬼神，神鬼夜哭。[1]

中国先贤对“茶”字的创造历经三个阶段：一是“荼”；二是地域性的“茗、槚、葭、蔎、荈”等，因方言而各异；三是西汉出现的“茶”字，至盛唐定型。“茶”字，集天地之精气，聚日月之灵光，是天地自然对中国人的恩赐。可见“茶”字的创造发明，有其字体字形逐渐演变的历史过程。从远古仓颉时代，历经秦汉魏晋六朝，再到唐玄宗时期，“茶”字集中了先贤与民间的多少智慧。陆羽《茶经·一之源》，称“其名：一曰茶，二曰槚，三曰蔎，四曰茗，五曰荈”。其地域方言之别，至今在湘西地区乡话中依然存在。[2]

---

[1] 参考东汉许慎《说文解字》以及《文字研究》2022 年 6 月 24 日佚名微信文章“汉字：起源问题”等。

[2] 刘昌林 .《沅陵历史文化丛书·民俗风情》[M]. 北京：中国文史出版社，2014.

3 | 无射山茶歌舞

茶经摘取无射山，何处能人作郑笺？
读得辰州乡话意，原来辛女结良缘。

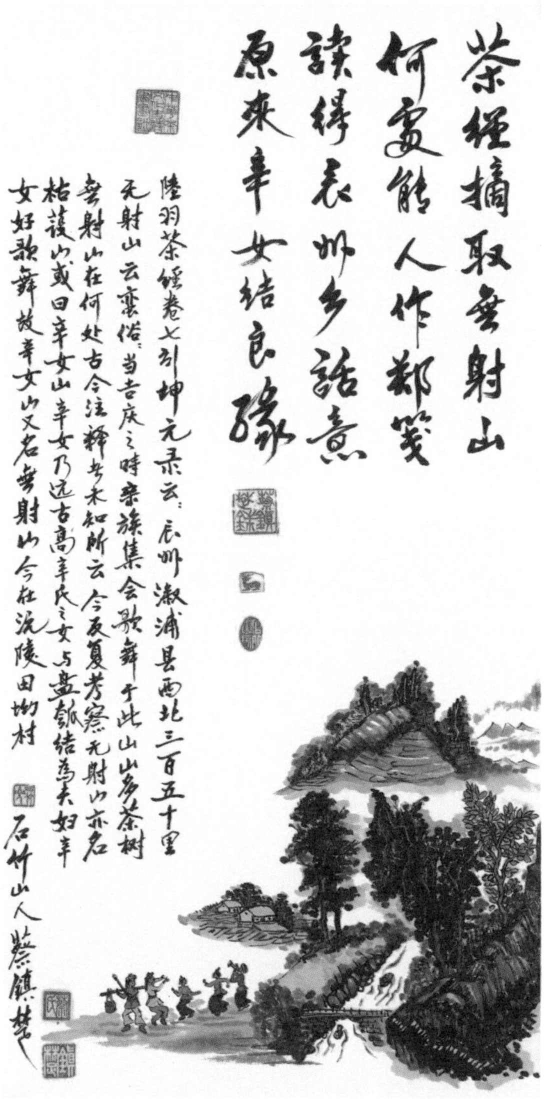
茶經摘取無射山
何處能人作鄭箋
讀得辰州鄉話意
原來辛女結良緣
陆羽茶经卷七引坤元录云：辰州溆浦县西北三百五十里无射山云蛮俗当吉庆之时亲族集会歌舞于此山山多茶树
无射山在何处古今注释者未知所云今反复考察无射山亦名枯护山或曰辛女山辛女乃远古高辛氏之女与盘瓠结为夫妇辛女好歌舞故辛女山又名无射山今在泸溪田坳村
石竹山人蔡镇楚

茶圣陆羽《茶经》卷七引《坤元录》云："辰州溆浦县西北三百五十里无射山，云：'蛮俗：当吉庆之时，亲族集会，歌舞于此山。山多茶树。'"无射山在何方？研究《茶经》的中外专家寻觅上千年而不得，成为《茶经》注疏的千古谜团。

此幅诗书画图之"无射山茶歌舞"，运用夸张与意象化的艺术手法，以无射山茶山为背景，以山民秋收时节的载歌载舞为意象，突出远古高辛氏之女与民同乐的情景。无射山是《茶经》记载的中国茶歌舞艺术的发祥地，是中华茶文化史上的"圣山"。

无射（yì），古代音乐律吕之一，是秋收时节的音乐。无射山，是中国唯一以古典音律命名的山，蕴藏着远古帝王高辛氏之女辛女与家犬盘瓠（hù）结婚的故事：辛女美丽大方，能歌善舞。据东汉应劭《风俗通义》、郭璞《玄中记》，后魏郦道元《水经注·沅水》记载：高辛氏部族遇上犬戎国的侵扰，帝君招募天下志士，若有能取得犬戎国吴将军头颅者，赏黄金千镒，封邑万家，将女儿许配给他。当时，帝君养有一只家犬，名叫盘瓠。帝君诏令后，盘瓠就衔着一个人头到皇宫来了。群臣一看，竟是吴将军的首级。帝君大喜，但盘瓠是家犬，因此许下的承诺无法兑现，不知如何为好。辛女听到这个消息，认为帝皇有令在先，不可违背信约，诚请按承诺行事。帝君不得已，将辛女嫁给盘瓠为妻，辛女成为苗、瑶、土家族等西南少数民族的"圣母"。

帝喾女辛氏好古乐。《荆楚岁时记》引《洞览》云："帝喾女将死，云：'生平好乐，至正月，可以见迎。'"季秋之月，辛女吹奏无射之律，与山民载歌载舞于辛女山，所以辛女山又被称为"无射山"。然而，无射山早已消失在历史的长河里。2011年，施兆鹏教授带领我们再次去沅陵县实地考察，去往偏僻的山区田坳村，后来我将考察经过写成《无射山考察记》。两年后沅陵县政协组织本地专家从历史、语言、古迹、地舆学等多方面考察，依照从先秦流行至今的湘西苗语乡话考证，认定"无射山"读作"枯葭山"。经过全国茶文化专家充分认证，正式确认《茶经》记录的"无射山"就是湘西方言中的"枯葭山"，在湘西地区沅陵、古丈、泸溪交界的田坳村。2015年沅陵县出版《寻找无射山》，陆羽《茶经》"无射山"注疏的千古之谜得以解开[1]。

[1] 张大强．无射山在沅陵［M］．北京：中国文史出版社，2015.

4 | 舜帝教民制茶

九嶷山麓是茶乡，村姑荷花晒茗忙。
舜帝教民制作术，灵芽苦涩变芬香。

此幅诗书画图谱写舜帝教民制茶，以自然意象与舜帝奏《南风歌》史实相结合的艺术手法，以舜奏《南风》为中心，以舜皇山与九嶷山的自然环境为背景，描绘舜帝教民种茶制茶，民丰衣足食，旨在突出远古时期“尧天舜日”、惠泽九州的太平景象。

舜帝南巡，德化三苗，奏《韶》乐而九成，哀民生而弹《南风》之乐：

南风之薰兮，可以解吾民之愠兮；
南风之时兮，可以阜吾民之财兮。

薰，草木芳香；愠，愤懑情绪；阜，聚集，生长。南风吹来的阵阵芳香，可以化解民众心中的怨愤啊；南风兴起的大好时节，可以聚集民众的万贯财富啊！南风是比喻，象征舜帝的德操与善政，像春风化雨，温暖着百姓的心田，滋润着万物的生长。舜帝有虞氏，承袭先师善卷“上善如水”功德，提倡“善德”与“孝道”。

属于南岭山脉的九嶷山与舜皇山一带，自古盛产野生茶，有“江华苦茶”与“帝子灵芽”等名茶，但山民不懂茶叶制作工艺。据朱先明主编的《湖南茶业大观》记载：相传舜帝路过镰刀湾，荷花姑娘正忙着晒茶叶，于是向姑娘讨了一碗茶水喝。姑娘问：“好喝不？”舜帝点头道：“茶叶是好，就是没制好。不甜不香，还有点苦涩。”姑娘用惊诧的眼光望着这位长者，问道：“您老人家会制茶？”舜帝含笑说道：“来，我教你。”舜帝在镰刀湾淹留，亲手教山民制茶技术。从此，九嶷山与舜皇山一带的野生茶叶品质提高了，喝起来口感润滑甘甜，没有苦涩味。舜帝离开时，荷花姑娘送给他一双布鞋，村民们目送这位长者离去。他们哪里知道，这是万人敬仰的舜帝——有虞氏。

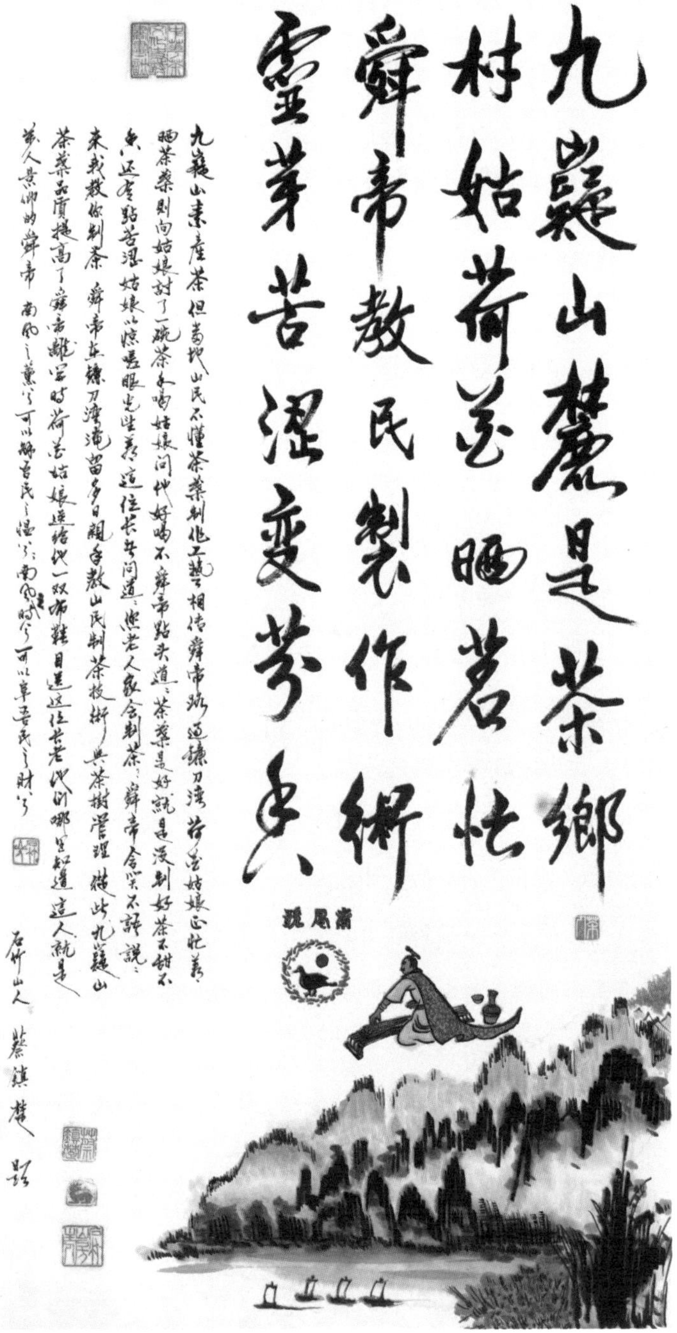
九嶷山麓是茶鄉
村姑荷筐晒茗忙
舜帝教民製作術
靈芽苦澀變芬芳
九嶷山素產茶但當地山民不懂茶葉制作工藝相傳舜帝路過操刀濟荷苞姑娘正忙着
晒茶葉則向姑娘討了一碗茶水喝姑娘問他好喝不舜帝點頭道：茶葉是好就是沒制好茶不甜不
香，還有點苦澀姑娘以驚喜眼光望着這位長者問道：您老人家會制茶？舜帝含笑不語說：
來我教你制茶 舜帝在操刀濟滯留多日親手教山民制茶技術與茶樹管理從此九嶷山
茶葉品質提高了舜帝離開時荷苞姑娘送給他一雙布鞋目送這位長者他們哪里知道這人就是
萬人景仰的舜帝 南風之薰兮可以解吾民之慍兮南風之時兮可以阜吾民之財兮
石竹山人 蔡鎮楚 題

5 湘妃灵芽

君山斑竹泪几何，瑞草芊芊戏青螺。
白鹤展翅甘露雨，香风吹皱洞庭波。

此幅诗书画图描述君山湘妃斑竹，运用神话与写实相交融的艺术手法，以帝子灵芽为描写对象，以柳毅井为背景，以八百里洞庭湖中的白鹤飞舞为比喻，突出舜帝二妃的神话故事与君山茶叶的历史渊源。

舜帝南巡，湘灵鼓瑟，三苗归附；而舜帝为民殚精竭虑，最后葬于苍梧之野。娥皇、女英寻夫，在洞庭湖君山得闻噩耗，悲痛欲绝，挥泪洒在青竹上，将之化为一颗颗斑竹，而后投水自尽，成为湘水女神。这就是“湘女多情”的故事。君山岛至今尚存“湘妃墓”与“湘妃祠”，香火不绝，祭祀千秋。

茫茫洞庭湖，郁郁君山岛，如同刘禹锡所说的“白银盘里一青螺”，承载着多少令人叹惋的千古传奇。湘妃斑竹，湘妃灵芽，一丛丛、一叶叶，伟大诗人屈原以《湘君》与《湘夫人》为之歌咏、为之吟唱。

相传君山茶的种子，是娥皇、女英亲自撒播的。君山银针外形如同银针，冲泡之，茶叶倒立于水中，三下三上，似茶仙起舞，三起三落，如白鹤点头。据传，五代后唐皇帝李嗣源首次上朝，侍臣敬献君山茶，当开水泡下，一团白雾升腾而起，化作一只白鹤，频频点头，而后飞天而去。杯中茶叶，片片如银针倒悬直立，一上一下，美不胜收。君臣惊叹不已，问其缘故，侍臣解释曰：“此乃以君山柳毅井水，冲泡黄翎毛之故也。白鹤点头飞天，预示皇帝洪福齐天；翎毛直立而舞，乃臣民景仰天子之寓也。”皇帝听之甚喜，遂以君山黄翎毛为湘茶贡品。

君山斑竹淚幾何
瑞草芊芊戲青螺
白鶴展翅甘露雨
香風吹皺洞庭波
君山银针是中国十大名茶之一也 是中国黄茶之冠冕也 相传君山茶第一颗种子是舜帝
二妃娥皇女英亲手播种的 君山银针茶叶倒立开水中三上三下 如同茶仙起舞三起三落 如同
白鹤点头三上三下 后唐皇帝李嗣源首次上朝 侍臣敬献君山茶 当开水泡下 一团白雾升腾而起化
作一只白鹤 频频点头而后飞天而去 杯中茶叶一片片如银针倒悬 直立一上一下 美不胜收 君臣惊叹不
已 问其故 侍臣解释曰 此乃以君山柳毅井水冲泡黄翎毛之故也 白鹤点头飞入青云 皇帝洪福
翎毛竖立而舞 乃臣民景仰天子之富也 皇上听之喜之 遂以君山黄翎毛为湘茶贡品也
石竹山人 蔡镇楚 题

6 老子品茶论道

骑牛老子过函关，紫气东来福满山。
令尹开怀留客意，茶禅从此水潺潺。[1]

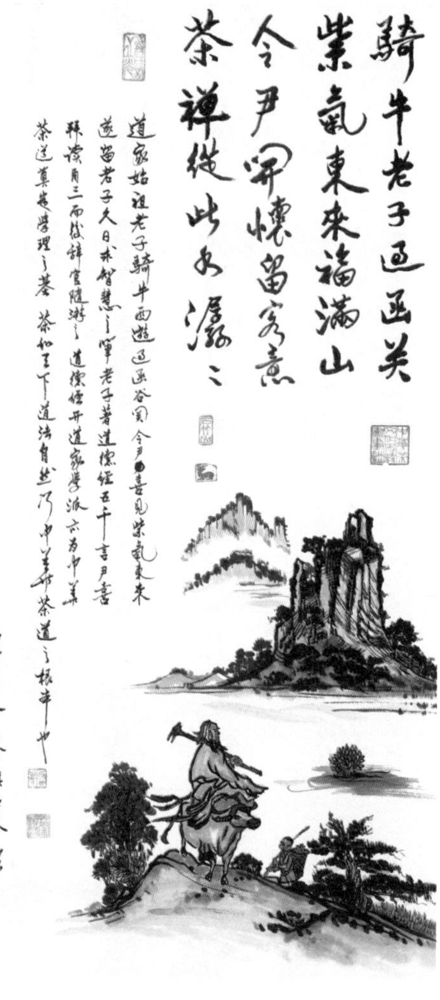

[1] 函关：即函谷关，今陕西潼关；紫气东来：即祥瑞之气；水潺潺：比喻茶道像潺潺流水一样，长流不息。

此幅诗书画图之“老子品茶论道”，运用传统写实的艺术手法，以老子骑牛西游为主题[1]，突出《道德经》对中国古典哲学与中华茶道的深刻影响，而以朱权《天皇至道太清玉册》所言为佐证，旨在正本清源，说明中华茶道属于文化哲学范畴。

老子是中国历史上第一位伟大的哲学家，名聃，隐居在河南商丘，是道家学派始祖。相传，老子带着小书童骑牛西游。过函谷关时，守关的令尹见一片紫气东来，就知道有大圣贤将至，赶紧打开关门，出面迎接，果然来者是老子。他特地宴请这位大圣人，安排住处，品茶敬酒，留老子多住，向老子求智慧之笔。老子盛情难却，随即撰著《老子》五千言。令尹拜读再三，如醍醐灌顶，而后思索几日，决定辞去官职，拜老子为师，跟随老子云游江湖山岳。

茶之为道，源于道家哲学。老子作为道家始祖，也与茶结下不解之缘。明初朱权《天皇至道太清玉册》说：“老子出函谷关，令尹喜迎之于家，首献茗。此茶之始。老子曰：‘食是茶者，皆汝之道徒也。’”茗，是茶的别名。老子对令尹说：“凡是以茶为饮者，都是你的道徒。”今本《老子》，又名《道德经》，是先秦道家学派的经典，也是中国古典哲学——老庄学派的奠基之作。老子学说以“道”为本，认为“道生一，一生二，二生三，三生万物”。“道”，是世间事物的本原、规律、法则。这种“道法自然”，为中华茶道奠定了学理基础。道法自然，茶和天下，是中华茶道之根本，因此，中华茶道是“美的哲学”[2]。

---

[1] 老庄哲学之道与儒家仁义之道，乃是中国茶道之源。老子骑牛过函谷关品茶论道，出自明末清初朱权《天皇至道太清玉册》。此图与《屈原茶汤》，曾参学 2013 农历癸巳年“和福堂”出品《道德经》年历三月“老子骑牛”之艺术笔法，特此表示谢意。

[2] 林治．中国茶道［M］．北京：中华工商联合出版社，2000.

7 屈原茶汤

熠熠桃花天问台，灵均日夜独徘徊。
茶缘沅澧千秋月，香草美人应律来。

此幅诗书画图之“屈原茶汤”，运用人物特写与夸饰、联想等与意象化相结合的笔法，以屈原行吟江湘为中心，以《东君》“援北斗兮酌桂浆”之句为意象，突出屈原入乡随俗，援北斗之星以为酌，以茶叶、桂子、生姜、花椒捣成泥浆的擂茶为饮食的故事。

春秋战国时期，中国人的啜茶之习，以烹煮茶食为主，和生姜、红枣、花椒、花生米等一起煮而食，这就是秦汉擂茶，至今仍流传湘西地区。人们和着茶点，饮茶汤、茶粥。

屈原是伟大的爱国诗人，令人高山仰止，景行行止。他怀才不遇，被朝廷放逐，行吟湘江，沐潇湘夜雨，开创独具一格的楚辞体，以香草美人为喻，铺采摛文，汪洋恣肆。宋人黄伯思《校定〈楚辞〉序》所说“书楚语，作楚声，纪楚地，名楚物”，故为之“楚辞”。楚人多以茶敬神祭鬼，以茗粥、姜汤、茶点为食。屈子入洞庭、涉沧浪、走沅澧，而居溆浦，均以入乡随俗而啜，感受无射山一带的民风民俗，倾听远古高辛氏之女的婚嫁故事，依其民俗而赋《九歌》《天问》等诗篇。偌大的楚国之东楚、西楚与南楚，都是中国著名的茶乡，是中华茶文化的重要发祥地。

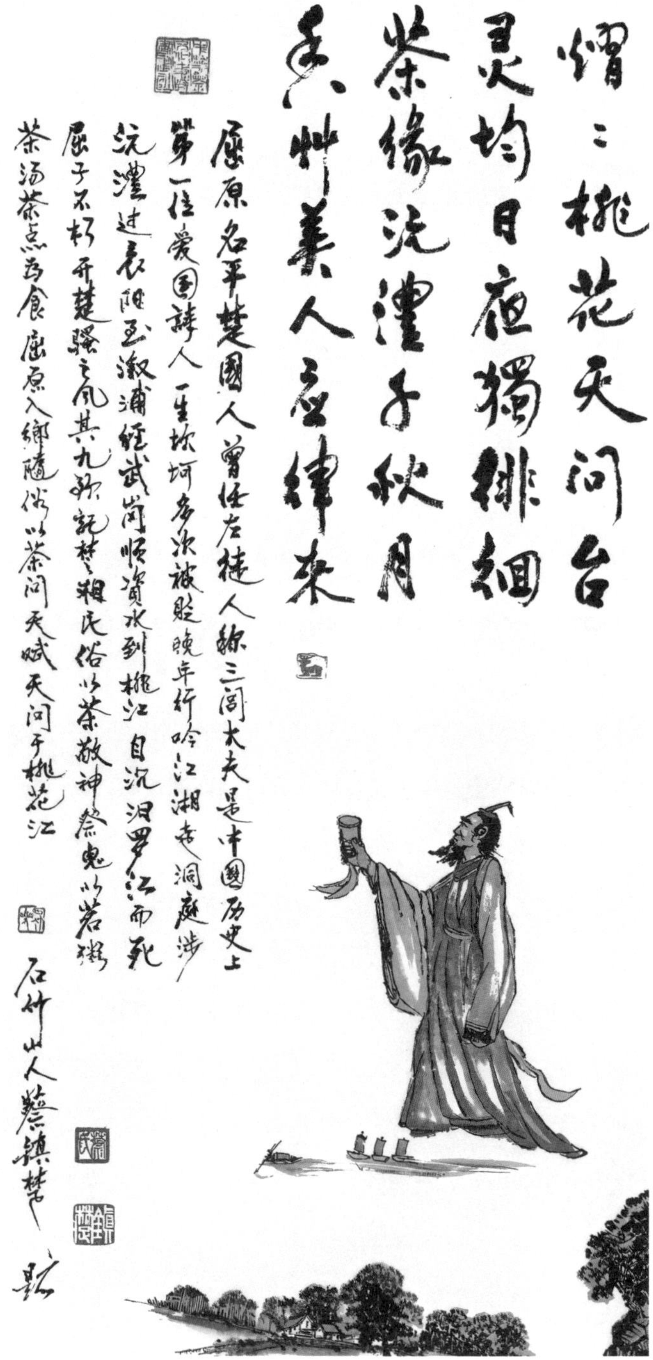
滔滔桃花天问台
灵均日夜獨徘徊
茶缘沅澧千秋月
香艸美人应律来
屈原名平楚国人曾任左徒人称三闾大夫是中国历史上
第一位爱国诗人一生坎坷多次被贬晚年行吟江湖去洞庭涉
沅澧过辰阳至溆浦经武岗顺资水到桃江自沉汨罗江而死
屈子不朽开楚骚之风其九歌记楚粗民俗以茶敬神祭鬼以茗粥
茶汤茶点为食屈原入乡随俗以茶问天赋天问于桃花江
石竹山人蔡镇楚
题

8 | 西施捧茶

西湖松竹虎跑泉，龙井灵芽伴婵娟。
玉液流香媲西施，美人品茗舞蹁跹。

此幅诗书画图之“西施捧茶”，运用意象化与想象相互结合的艺术手法，以美女西施为中心，突出中国古代美女捧茶的靓丽色彩与文人骚客的审美情趣。

西施，本是春秋末年越国苎萝山区（今浙江诸暨南部）的浣纱女，因为貌美而名扬乡里，后被范蠡选中，献给吴王夫差。西施成为吴王夫差最宠爱的妃子。茶烟袅袅，笙歌曼舞，吴王夫差陶醉享乐至国事废弛，而越王勾践则卧薪尝胆，东山再起，复兴越国，“三千越甲可吞吴”。公元前473年，勾践出兵灭吴国，迫使吴王夫差自杀。吴越争霸这段惊心动魄的历史演义，被司马迁《史记》与赵晔《吴越春秋》等史书记录，千古流传于世。

西施之美，是一种浓淡皆宜之美，衍生出“欲把西湖比西子”“从来佳茗似佳人”的比喻。宋代大诗人苏轼熙宁六年（1073年）在杭州西湖饮酒，以西施之美比喻西湖之美，作《饮湖上初晴雨后》诗云：

水光潋滟晴方好，山色空濛雨亦奇。
欲把西湖比西子，淡妆浓抹总相宜。

西子湖畔，美人捧茶，是古今一道最亮丽的风景线；茶香古今，令人魂痴梦绕。时至今世，西湖龙井依然为中国十大绿茶之冠，西湖龙井以色翠、香郁、味醇、形美，成为历代贡茶之首。乾隆皇帝曾六次巡幸、周恩来总理曾五次视察西湖龙井茶区。西湖龙井作为贡茶和国礼，西施捧佳茗，是西施之玉液，似龙涎之甘露。

西湖松竹虎跑泉
龍井靈芽伴嬋娟
玉液流泉嬛西施
美人品茗舞蹁跹

西湖龙井为中国十大名茶之冠，曾以狮龙云虎分四个品类，产于龙井村狮子峰与灵隐上天竺者为狮字号，龙井、翁家山者为龙字号，云栖梅家坞者为云字号，虎跑泉四眼井者为虎字号，今已统称为西湖龙井。西湖龙井以色翠、香郁、味醇、形美为审美特征，为历代贡茶之首。乾隆皇帝曾六次巡幸西湖龙井茶区，周恩来总理亦五次视察之矣。西湖龙井作为贡茶和国礼茶，幸之又幸也。是西施之玉液，似龙涎之甘露也。

石竹山人 蔡镇楚 题

9 五经博士品茗

诸子百家披火刑，汉儒日夜修五经。
书通二酉经学梦，博士茶杯伏胜情。[1]

此幅诗书画图之“五经博士品茗”，运用意象化的艺术手法，以沅陵明月湖畔夸父山与沅江边二酉山“古藏书处”为背景，以沅水江面上的驳船为线索，突出当年儒生将五车竹简深藏于沅陵二酉山藏书洞的历史功绩。

司马迁《史记》记载，因儒生、方士干政，秦始皇根据宰相李斯的建议，“焚书坑儒”。其实，被坑杀的是方术士，并非儒生。第一批被抓的方术士大概460人，一并被活埋；第二批被抓的方术士一并发配边关。秦始皇焚书坑儒，是中国文化史上的重大事件，先秦儒家经典，除了农学、医学之类，几乎毁于一旦。然而是非曲直、功过几何，历史自有分说。遥想当年，人人自危，唯有咸阳儒生伏胜等，冒生命危险，抢救出一批先秦竹简，即五车书，连夜偷运出咸阳，日夜兼程，送至湘西沅陵二酉山秘密珍藏。

沅陵二酉山，原是与许由齐名的远古名士、尧舜之师善卷隐居读书之处。秦始皇焚书坑儒，而诸子百家学说，注定不灭。时至今日，“古藏书处”的碑刻，依然尚在。汉朝建立之初，伏胜等儒生及其后代，将藏书竹简献于新朝，才有两汉经学的兴起，才有了“书通二酉，学富五车”的成语典故。伏胜等儒生之藏，功莫大焉。当汉代经学博士日夜修复先秦经典、品茶论道之际，回想伏胜等儒生冒死藏书之义举，令人肃然起敬矣。

先秦诸子之学，是中华文化之根，也是中华茶文化之根，中华民族文化赖以相续相传、繁荣昌盛。

---

[1] 诸子百家：先秦各种学术流派的总称。诸子：各家的代表人物；百家：儒家、道家、墨家、法家、刑名、阴阳、纵横、农家、杂家、小说家等各学派。五经：指儒家经典，即《诗》《书》《易》《礼》《春秋》，汉代分别设五经博士。

諸子百家披火刑
漢儒日夜修五經
書遁二酉經學夢
博士茶杯伏勝情

秦始皇焚書坑儒之際先秦諸子經典毀於一旦唯有咸陽儒生伏勝等搶救出一批竹簡偷運出京城日夜兼程逃至湘西沅陵二酉山遠古名士善卷隱居讀書處藏於建立之祠伏勝等從二酉藏書洞而出將藏書獻於新朝遂有兩漢經學之興 書遁二酉學富五車 伏勝儒生之功莫大焉 為漢代經學博士日夜修復先秦經典之際伏勝等儒生冒死藏書之義舉令人肅然而敬之矣 先秦諸子之學乃是中華文化之根故亦為中華茶文化之根也

石竹山人 蔡鎮楚 題

10 | 六经无茶字辨

昆仑白雪洗尘埃，万里江河天际来。
六艺荼为茶字意，千年迷雾始朝开。

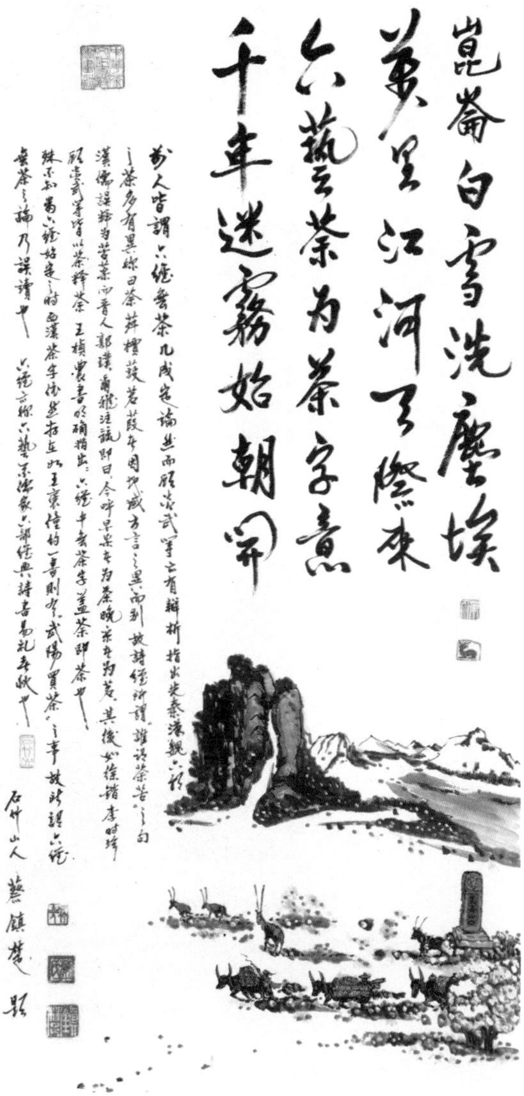

“六经无茶”，汉代以降人们如是说。“荼”乃“茶”否？一横之别，让中国先人争论数千年。是文字之别，还是前人注释之误？

此幅之辨别六经无“茶”之说，运用意象化的手法，以昆仑山口的皑皑白雪，以及在风雪行进中的藏羚羊与马队比作汗牛充栋的先秦古籍，指出先秦汉魏六朝之“茶”多有异称，曰荼、荈、槚、蔎、茗、葭者，皆因地域方言俚语而异。

中国先人崇尚经典。六经，亦称“六艺”，指汉代经学确定的儒家六部经典著作，即《诗经》《书经》《易经》《礼经》《春秋》《乐经》。前人皆谓“六经无茶”几成定论。然而从陆羽的《茶经》到明代的顾炎武等亦指出，先秦汉魏六朝之茶多有异称，曰荼、荈、槚、蔎、茗、葭者，因地域方言俚语之别而异。古人忽略了各地方言对“茶”的记录，才得出“六经无茶字”的结论，非六经无茶也，乃文字之别也。故《诗经·七月》的“采荼薪樗，食我农夫”，《诗经·谷风》的“谁谓荼苦？其甘如荠”之句，汉儒均释为苦菜，而晋人郭璞《尔雅注疏》曰：“今呼早采者为荼，晚采者为茗。”其后，如南唐文字学家徐锴，明代的李时珍、顾炎武等，都是以茶解释《诗经》中的“荼”。元朝王桢《农书》亦指出：“六经中无茶字，盖荼即茶也。”殊不知“六经”始定之时，西汉“茶”字已经出现，如王褒《僮约》一书则有“武阳买茶”之事。

故所谓“六经无茶”之论，乃是一种误读、误解，如同青藏高原的皑皑白雪，严实地覆盖着巍峨的昆仑山，让人们看不清巍巍昆仑的本来面貌，唯有在风雪之中行走的藏羚羊与牦牛，才会拨开重重迷雾，在艰难跋涉中认识个中真谛。

11 | 唯一以茶命名的茶陵县

大汉王朝天地圆，茶陵立县著先鞭。
南方佳木萋萋草，江北江南飞茗烟。

此诗书画图写茶陵县（含今之炎陵县），运用写实与意象化相结合的笔法，以长沙魏家堆汉墓出土的西汉时期的“茶陵”官印为中心，以历史上著名的茶山——云阳山为背景，旨在突出汉朝的茶陵风貌。巍巍中华，穆穆茶祖，千年同饮，始于茶陵。此乃中国历史之结论。

大汉王朝，幅员辽阔，国势强盛。一个偌大的行政县域，以“茶”命名，以“茶”立县，是大汉王朝的格外赏赐，是茶叶王国的历史机遇与文化符号。

茶陵者，茶山之陵、茶祖之陵寝地也。茶陵（含炎陵县），原名“茶陵”，是中国古往今来唯一以茶命名的行政县域。汉武帝元朔二年（前127年），长沙王刘欣于此建茶王城；元封五年（前106年）立县为茶陵，隶属于长沙国。以其为茶山之阴，炎帝神农氏崩葬于茶乡之尾而得名。此乃中国茶文化史上的一座巍峨的丰碑。

云阳山下，茶园叠翠，茶叶芳香，是南方茶园基地，特别是洣水河畔的鹿原陂，还是炎帝神农氏几代天子陵园所在地，郁郁茶山，穆穆帝陵，故以“茶陵”命名。皇恩浩荡，茶陵有幸，这是大汉王朝对“茶陵”的国家认同。从此，茶陵之于中国行政区县的历史地位，炎帝神农氏之于中华茶祖的历史地位，得以确立与巩固。如今的茶陵，一个偌大的“中华茶祖文化园”坐落在云阳山麓，乃是福建茶商与湖南茶人全力打造的中国茶文化“天字一号工程”。中华茶祖神农雕像威武豪壮，气派非凡，背后镌刻着《茶祖志》。大门内的茶祖对联，与树阴丛中的10座茶亭命名、10幅茶楹联，相映成趣，熠熠生辉，不啻当代中华茶联的集大成之作。

12 | 卓文君当垆煮茶卖酒

临邛月色赋流光，司马琴声醉绣房。
才子佳人夜奔去，当垆卖酒煮茶汤。

大汉王朝的巴蜀，山川形胜，灵芽叠翠，人才辈出。才子佳人在这里曾经演绎了一段自由恋爱的动人故事，流传千古。“文君绿茶”，产于四川邛崃市，是卓文君与司马相如月夜私奔、“当垆卖酒”之地。乡人以卓文君命名其绿茶。

此诗书画图描述了卓文君当垆煮茶卖酒的故事，以“卓文君与司马相如私奔”为题材，以浪漫主义的笔法，突出其对爱情自由的追求。

司马相如（前179—前118年），字长卿，成都穷书生，景帝时为武骑常侍，因病被免职，回归属地，经过临邛，得知临邛大富豪卓王孙有一女新寡，于是奏一首《凤求凰》，以琴心挑逗卓文君。两人一见钟情并私订终身。因遭其父卓王孙反对，卓文君与司马相如月下私奔到成都。司马相如家徒四壁，卓文君不离不弃，变卖私产，与夫君返回临邛，当垆卖酒煮茶汤，一时传为佳话。郭沫若题文君井词，称其“酌取井中水，用以烹茶涤尘思，清逸凉无比”。其父卓王孙认为辱灭门风，不得已送给司马夫妇家童仆百人、金钱百万。后来，司马相如因狗监杨得意举荐，因一篇《子虚赋》轰动文坛，备受汉武帝宠爱，得以诏见，身价百倍，有“千金难买相如赋”的美誉。

相传，年复一年，司马相如企图再娶，卓文君特写《白头吟》以赠，司马相如因此作罢。一代才子佳人，品茶论道品人生，和好如初。后司马相如因奉使巴蜀，通西南夷有功，拜为孝文园令。62岁时，一代才子病逝于家。司马相如与扬雄、班固、张衡齐名，并称“汉代辞赋四大家”。

臨邛月色賦流光
司馬琴聲醉綉房
才子佳人相奔去
當壚賣酒煮茶湯

司馬相如是西汉著名辞賦家，以子虛賦、上林賦而备受汉武帝宠爱，有千金难買相如賦之誉。卓文君臨邛大富豪卓王孫之千金，閨女與落魄之司馬相如一見鍾情，司馬于月下彈琴引鳳凰，兩人幽會私訂終身。因遭卓王孫反对，卓文君與相如私奔而去成都。司馬家徒四壁，文君變賣私產，與夫君在成都當炉賣酒煮茶度日，传為文壇佳話。郭沫若先生題文君井詞：酌取井中水，用以煮茶滌尘思，清逸涼無比。

石竹山人 蔡鎮楚 題

13 武阳茶市

烟雨荈园便了心，武阳茶市引鸣禽。
王褒僮约买茶去，巴蜀灵芽香满襟。

此诗书画图以武阳茶市为描写对象，以想象与写实相结合的笔法，描绘出王子渊逼迫贵妇杨惠家奴去武阳买茶的故事，侧面反映了西汉武阳茶市的市场繁荣。

茶市是销售茶叶的地方，是茶叶流通的主要渠道。自茶祖神农氏开辟“日中为市”，民间的农产品交易延续数千年。中国最早的茶叶市场，首现于西蜀。西汉之初，成都武阳茶市已粗具规模。四川武阳是中国有史料记载最早的茶市。

西汉四川才子王褒，字子渊，曾任朝廷谏议大夫，撰有《僮约》。《僮约》属于以赋体俳谐之文，叙述了他在成都的故事：王子渊来到成都，寄居在寡妇杨惠家。他爱茶、嗜茶，要杨惠的家奴便了去武阳市场上沽酒买茶，便了却以替客人沽酒买茶并非其职责为由拒绝。王子渊一气之下，出钱将这个家奴买下来，并且与他订立契约，命其早起晚睡，去武阳买茶；若不听从，则笞鞭一百。在这篇寓言体赋文中，王褒两次提及武阳买茶之事，是汉赋中唯一述及“武阳买茶”之事者，证明西汉初期，成都民间茶叶市场早已形成规模，文人士大夫在文章中已经使用“茶”字。[1]

---

[1] 里耶秦简 8-1541 号简牍，被誉为“中华茶业第一简”。此竹简共 35 字：“户曹书四封，迁陵印：一咸阳，一高陵，一阴密，一竟陵。廿七年五月戊辰水下五刻，走茶以来。”意思是：“户曹衙门发出四封文书，上面都加盖了迁陵县府官印。一封发给咸阳，一封发给高陵，一封发给阴密，一封发给竟陵。告知四县，从迁陵运送给他们的茶叶，已经于廿十七年五月戊辰日水下五刻起运。”简牍中四个县是今陕西咸阳、西安高陵、甘肃灵台、湖北天门。它见证湘西茶叶生产可追溯到 2200 多年前秦朝，颠覆了人们对中华茶史的认知，将有文字记载的茶叶种植、饮用、贸易、运输的时间提前到公元前 220 年。

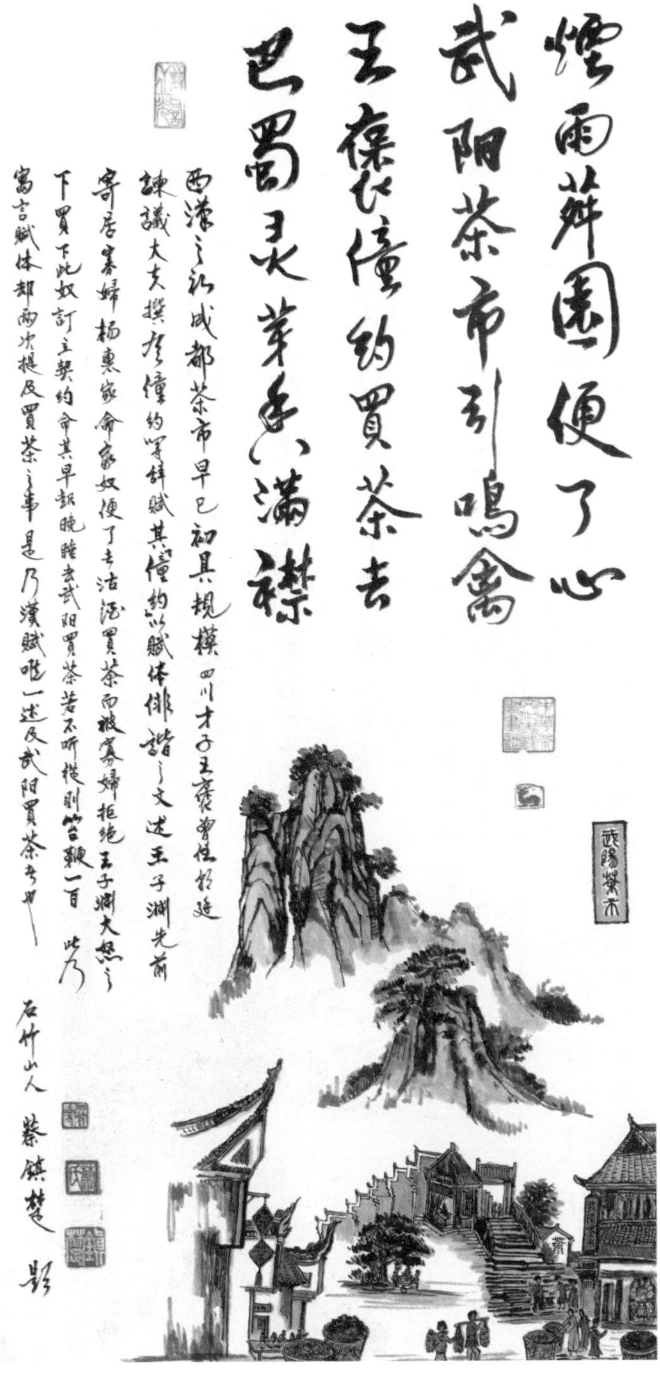
煙雨荈園便了心
武阳茶市引鸣禽
王褒僮约買茶去
巴蜀灵芽香满襟
西漢之初成都茶市早已初具規模 四川才子王褒曾任朝廷諫議大夫撰有僮约等辞賦 其僮约以賦体俳諧之文述王子淵先前寄居寡婦楊惠家命家奴便了去沽酒買茶而被寡婦拒絕王子淵大怒之下買下此奴訂立契约命其早起晚睡去武阳買茶若不听從則笞鞭一百 此乃寓言賦体卻兩次提及買茶之事 是乃漢賦唯一述及武阳買茶者也
石竹山人 蔡镇楚 题
武陽茶市

14 古丝绸茶路

宫闱未央国运昌，丝绸茶路出敦煌。
驼铃日夜传戈壁，醉入酒泉欢伯乡。

此诗书画图之“古丝绸茶路”，以夸饰的艺术手法，描写开辟古丝绸茶路的历史，以突出古丝绸之路凝聚着中华民族强国富民、对外开放的丝路精神和伟大梦想。

“遥想汉人多少闳放”，鲁迅曾经赞颂大汉王朝。西汉文景之治后，汉武帝谋划“动远略”、通西域。汉建元三年（前138年），汉武帝指派大臣张骞出使西域，刚出玉门关，就被匈奴抓住。张骞在匈奴滞留十年，千方百计逃离虎口，继续西行，历尽千辛万苦，抵达大宛国。公元前128年，张骞在返国途中，再次被匈奴骑兵抓获，被扣留了一年多。直到元朔三年，匈奴内乱，张骞才趁机逃回长安。为打通河西走廊，汉武帝先后派遣大将军卫青与霍去病出击匈奴，设立武威、张掖、敦煌三郡，与酒泉郡合称“河西四郡”。这是历史的转折点。元狩四年（前119年），张骞奉命率随员三百，携牛羊万头、数千万钱币、丝帛、陶瓷、茶叶等再次出使西域，获得巨大成功。元鼎二年（前115年），年事已高的张骞率团回到长安，不久辞世。

张骞通西域，开辟了一条从咸阳经河西走廊与戈壁沙漠，直至西域的古丝绸、陶器、茶叶贸易之路。丝绸、茶叶、瓷器等商品输入中亚细亚乃至地中海。大漠千里，驼铃声声，丝绸茶路绵延万里之遥，是大汉帝国开辟的一条内陆国际文化交流的纽带与经济贸易的通道。直到隋唐时代，隋炀帝命裴矩从胡商处收集西域各地风土人情，撰写《西域图记》三卷（已佚），从敦煌到西海，分为北道、中道、南道，直通中亚西亚与阿拉伯、地中海。唐贞元年间，宰相贾耽（地舆学家）绘制《海内华夷图》，以长安为中心，将大唐帝国通往外域的主要道路分为七条。漫漫长路，马帮驼铃，悠悠商旅，是国力的彰显，是民族精神的展示，是对外开放的象征。中国茶叶沿着这条陆路国际贸易通道，传播到西方世界。可以说，丝绸之路是中国茶叶征服世界的第一大国际要道。

15 | 贾谊湘水煮茶

翩翩年少谪长沙，遥望洛阳不见家。
唯有湘江北去水，时时品茗醉仙霞。

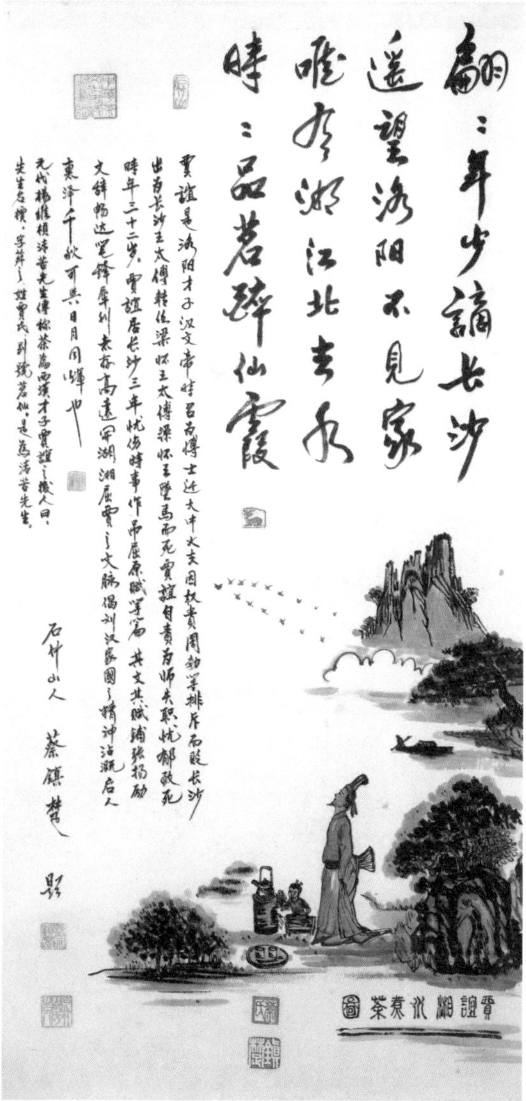

此诗书画图之“贾谊湘水煮茶”，运用现实主义手法，以贾谊湘水煮茶为主体，旨在突出少年得志的西汉文学家、政治家贾谊的际遇。

茶以清苦为美，啜苦咽甘，预示人生之先苦后甜。元代诗人杨维桢《清苦先生传》，将茶人格化，称茶为西汉才子贾谊之后人，曰：“先生名檟，字荈之，姓贾氏，别号茗仙，是为清苦先生。”“檟”是茶之异名，元人杨维桢撰《清苦先生传》，将茶与洛阳才子贾谊联系在一起，实在是奇妙。

贾谊（前200—前168年），洛阳才子，从小勤奋好学，长于辞赋策论。河南郡守吴公非常赏识他，推荐于汉文帝，贾谊被召为博士，不久升迁为大中大夫（皇帝谋臣，掌管舆论）。因受权贵周勃、灌婴将军等排挤，被贬至长沙，出为长沙王太傅。汉文帝爱其才，三年后被召回洛阳。岁余，汉文帝在未央宫正殿的宣室接见这位从长沙诏回的少年才俊。两人席地而坐，谈论到半夜，汉文帝兴致很高。让贾谊格外失望的是，号称贤明君主的汉文帝关心的不是苍生，而是鬼神。随后，汉文帝对大臣们说：“很久不见贾生，寡人以为论鬼神之事，可以超过他了，没想到，他有问必答，看来我的学问还是不如他呀。”[1]汉文帝信任他，把他留在身边，任梁怀王的老师。贾太傅尽职尽责。一次，贾谊陪同梁王去郊外练习骑射，骏马发飙，梁王不幸坠马身亡。贾谊自责为师失职，痛惜不已，忧郁而终，时年三十三岁。

贾谊少年得志，却怀才不遇，居长沙三年。长沙地处南方，气候潮湿，贾谊常引湘水煮茗，清苦度日，一为祛湿气，防疟疾，品茶思归；二为以茶吊屈原英灵。他作《吊屈原赋》，铺张扬厉，文辞畅达，笔锋犀利，志存高远，开湖湘文化之屈贾文脉，倡楚汉家国情怀，沾溉后人，惠泽千秋。司马迁《史记》作《屈原贾生列传》，将屈贾并称。

[1] 晚唐著名诗人李商隐根据《史记·屈原贾生列传》记载的这个故事而作《贾生》：“宣室求贤访逐臣，贾生才调更无伦。可怜夜半虚前席，不问苍生问鬼神。”宣室，宫殿名，孝文帝在宣室接见贾谊，此指代孝文帝。

16 道教茶缘

日月星辰何渺然，悠悠茶道法于天。
张陵五斗米中术，白鹤翔云结茗缘。

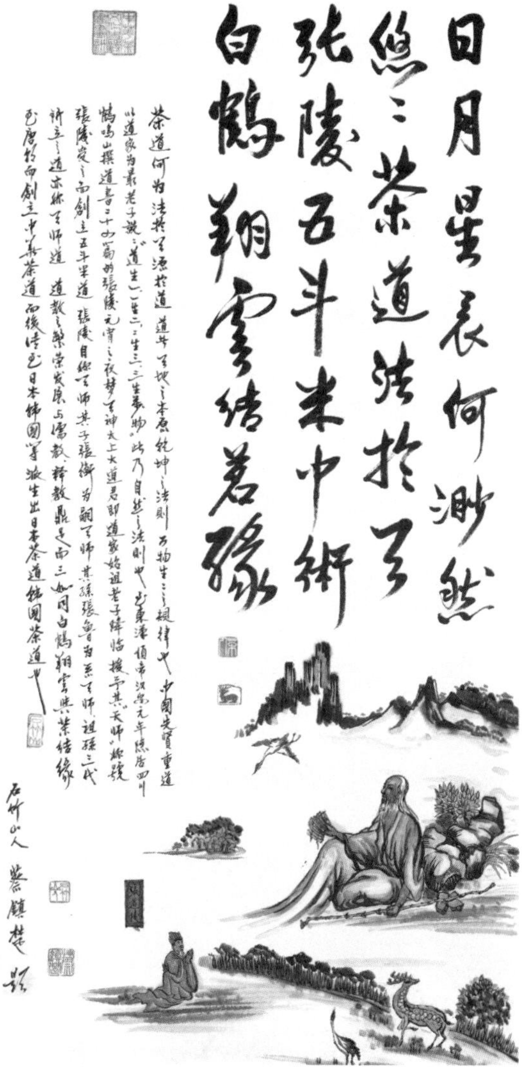

此诗书画图之“道教茶缘”，运用虚实相生与艺术夸张的手法，以老子为中心，以中国道教的创建者张道陵等虔诚的道教信徒与梅花鹿、仙鹤为陪衬，说明茶与道教结缘，乃中国茶文化得以繁荣发展的重要机缘和哲学基础，突出中华茶道所追求的精神境界。

中国先贤重道，“道”属于中国古典哲学的核心内涵。道家崇尚自然无为，老子云：“道生一，一生二，二生三，三生万物。”此乃自然之法则也。道家崇尚自然无为，以老庄为代表的道家学说，至东汉而演化为中国本土宗教“道教”。顺帝汉安元年，隐居四川鹤鸣山的张陵，撰著《道书》二十四篇。元宵之夜，他梦见天神太上大道君即道家始祖老子降临，正式授予他“天师”的称号。张陵受之而创立“道教”。因入道者需交“五斗米”，俗称“五斗米道”。于是，张陵自称天师，改名为“张道陵”。其子张衡为“嗣天师”，其孙张鲁为“系天师”。其祖孙三代所立之道，亦称“天师道”。作为中国的本土宗教，道教繁荣发展，与儒教、佛教形成三足鼎立之势，与茶结缘，至唐朝中华茶道创立，而后传至日本、韩国等地，派生出日本茶道、韩国茶道。

茶道何为？源于道，法于天地自然。茶道，是中华茶文化的精髓。道者何也？天地之本原，乾坤之法则，万物生生不息之规律也。道家、道教与茶结缘，对中华茶文化的影响极其深远：一是道法自然的哲学思想为茶业注重生态环境之美提供理论依据；二是为中华茶道的确立奠定理论基础；三是其养生之道影响茶道养生；四是葛洪、葛玄、陶弘景、白玉蟾、马钰等著名道士，亲自种茶、品茶、写茶诗词、炼丹，飘飘欲仙，如同白鹤翔云之境，就是茶道所追求的仙境。

17 | 佛教茶缘

遥思明帝永平年，金粟如来度西天。
故国江山无限美，佛光离合结茶缘。

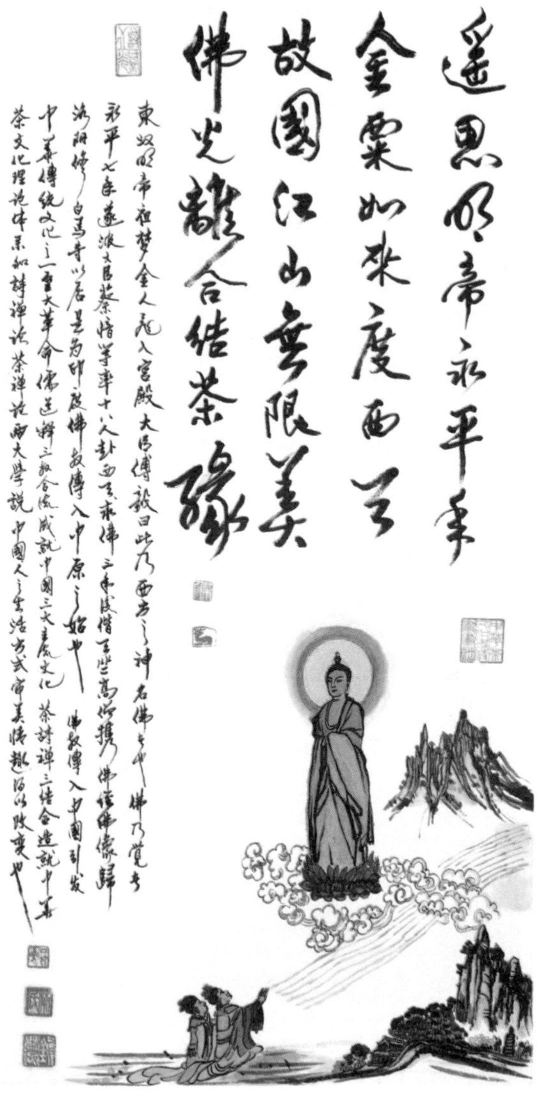

此诗书画图之“佛教茶缘”，运用意象化艺术笔法，以佛祖与佛教传入中土为中心，阐明茶与佛教结缘，对中国茶文化传播所产生的重大影响。

金粟如来，佛光离合。东汉时期，明帝夜梦金人飞入宫殿，第二天早朝，询问众臣何故。大臣傅毅曰：“此乃西方之神，名佛者也。”永平七年（64年），汉明帝指派大臣蔡愔等率领十八人，赶赴西天求佛。三年之后，蔡愔等偕同天竺高僧，携带佛经、佛像，回归京都洛阳，修建白马寺，让天竺高僧与佛教信徒居住。这是中国人第一次西天取经，也是印度佛教传入中原之始。

佛者，觉也，觉悟众生也。佛教传入中国，最早传入到今新疆的喀什，而后传入中原，终于引发中华民族传统文化的重大革命，主要表现在以下四个方面：一是大修寺庙，大塑佛像，寺院林立，佛徒云集，成“天下名山僧最多”，至隋唐五代，儒、道、释三教并立，形成中国三大主流文化；二是佛经翻译形成风气，特别是梵语声律论的传译，引发一场以“四声八病”说为中心的永明声律运动，促使中国诗歌走向格律化的道路，成就了一个以唐诗、宋词、元曲为主体的诗歌王国；三是佛教僧徒念经打坐，为驱睡魔，寺院倡导种茶喝茶，并且设置“茶寮”，这是中国茶馆的大辂椎轮[1]；四是方丈茶香，引来文人骚客，禅宗的发展，使佛教中国化，茶、诗、禅三结合，造就中华茶文化的理论体系和“诗禅论”与“茶禅论”两大学说，丰富了中华茶文化的精神境界。

[1] 大辂：古代的大车；椎轮：没有辐条的原始车轮。大辂椎轮，用以比喻事物处于草创阶段，还有待逐步完善。此用以比喻寺院茶寮，乃是中国茶馆的雏形。萧统《文选序》：“椎轮为大辂之始，大辂宁有椎轮之质。”

18 | 马援与秦汉擂茶

南方嘉木云雾中，薏苡明珠万斛雄。
秦汉擂茶瘴气去，伏波铜柱立苍穹。

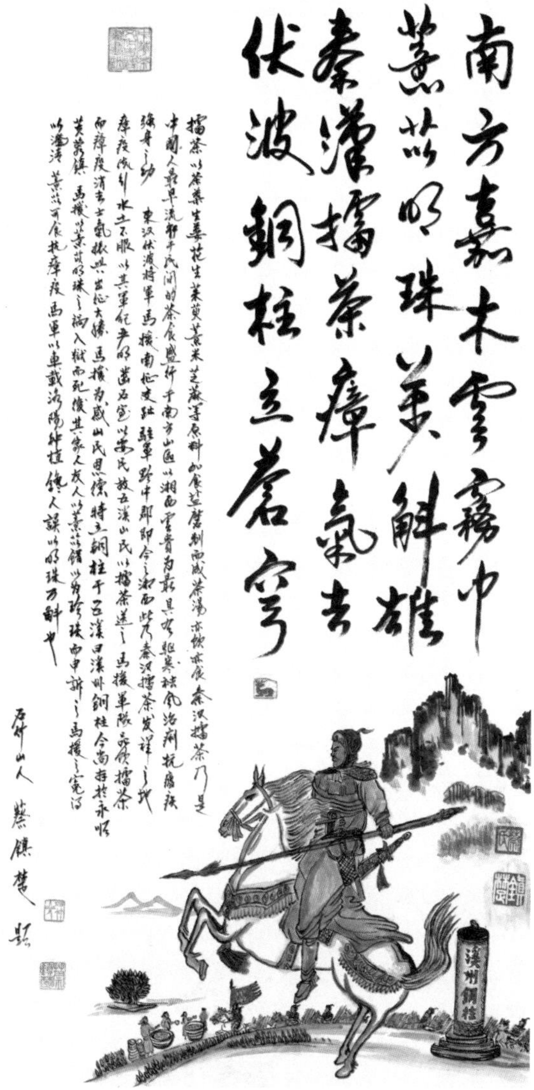

此诗书画图写西南秦汉擂茶，运用典型化的艺术手法，以东汉马援将军南征交趾的历史故事为题材，道出西南地区早就以茶为饮食，以擂茶治病，以及解救马援将士的历史壮举。

秦汉擂茶，是中国最古老的啜茶品类，也是中华茶文化传播的活化石，以茶叶、茱萸、薏米、生姜、芝麻、花生、豆类等多种食物磨制，加开水冲泡而成，具有抗寒、治痢疾、通气、祛病、健胃、强身之功效，始于秦汉，盛行于湖南湘西乃至西南等地区。

东汉伏波将军马援（前14—49年），字文渊，号伏波，东汉初陕西茂陵人，人称“伏波将军”，率军南征交趾，气吞万里如虎。他驻军黔中郡，军中将士水土不服，瘴疫流行，以其军纪严明，凿石室以安民。故五溪山民以擂茶送之，马援军士啜之，瘴疫痊愈。马援感于茶区山民恩德，特立铜柱于湘西五溪，曰“溪州铜柱”（今尚存湘西芙蓉镇）。之后，马援在大军北归时，装载一批薏米等地方特产回京，后来马援将军马革裹尸，病死于军中，朝廷却以薏苡明珠之祸，不允许其下葬。其家人亲友以薏苡明珠而为之申冤，马援之冤得以澄清。薏苡，可食，制作擂茶原料，祛病，除瘴气，马援军队以车载回洛阳种植，却被谗人误把薏苡当明珠万斛，弹劾马援，冤哉！

19 诸葛亮茶疗

西南边境起烽烟，诸葛远征去贵滇。
瘴疫流行百姓苦，煮茶祛病济云天。

此幅诗书画图写三国时期诸葛亮茶疗，运用典型人物与西南热带雨林的环境相结合的手法，以蜀汉丞相诸葛亮为中心，笔法粗狂，笔墨浓淡相济，以丛林中若隐若现的军旅行踪，突出他南征安边时，关注民生、教民种茶、发展茶疗的历史功绩。

中国云贵地区是茶树的发源地，是成就茶叶世界的摇篮，其普洱茶历史之悠久，可以追溯到三国的蜀汉时代，甚至更为遥远。后主刘禅建兴三年（225年），南诏发生叛乱。诸葛亮率军亲征云贵，对彝族首领孟获七擒七纵，安定西南边陲。诸葛丞相关注民生，在云贵地区教民种茶制茶，以茶祛病健身、治疗瘴疫，发展茶产业，努力开发边疆，深受西南少数民族爱戴，将诸葛亮奉为茶祖，至今尚存孔明山、孔明灯，以茶神膜拜。

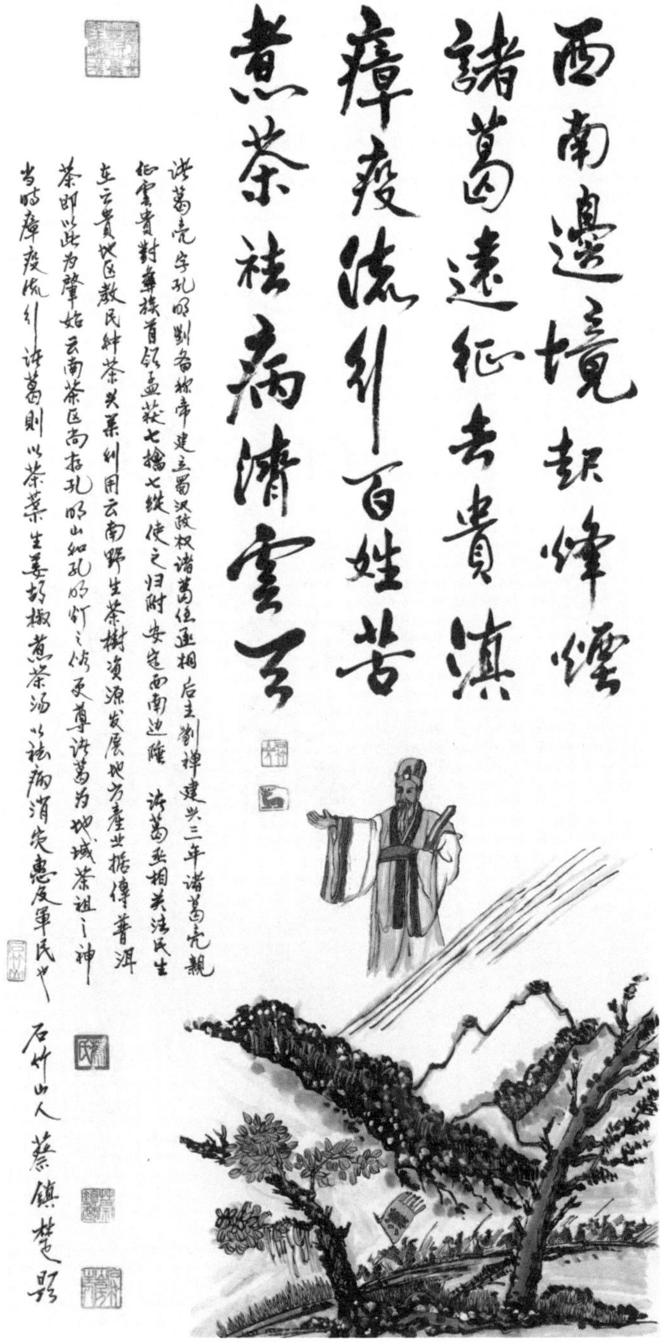
西南邊境起烽煙
諸葛遠征去貴滇
瘴疫流行百姓苦
煮茶祛病濟雲云
诸葛亮字孔明，刘备称帝建立蜀汉政权，诸葛任丞相，后主刘禅建兴三年诸葛亮親征雲貴，對彝族首領孟获七擒七纵，使之归附，安定西南边陲。诸葛丞相关注民生，在云贵地区教民种茶，并用云南野生茶樹資源发展地方產业。据傳普洱茶即以此为肇始，云南茶区尚存孔明山和孔明灯之说，更尊诸葛为地域茶祖之神。当时瘴疫流行，诸葛则以茶葉、生姜、胡椒煮茶汤以祛病消灾，惠及軍民也。
石竹山人 蔡镇楚题

20 | 二乔鉴赏茶器

江边丝柳涌春潮，缕缕茶烟戏二乔。
千古铜官窑上月，如今何意笑儿曹？

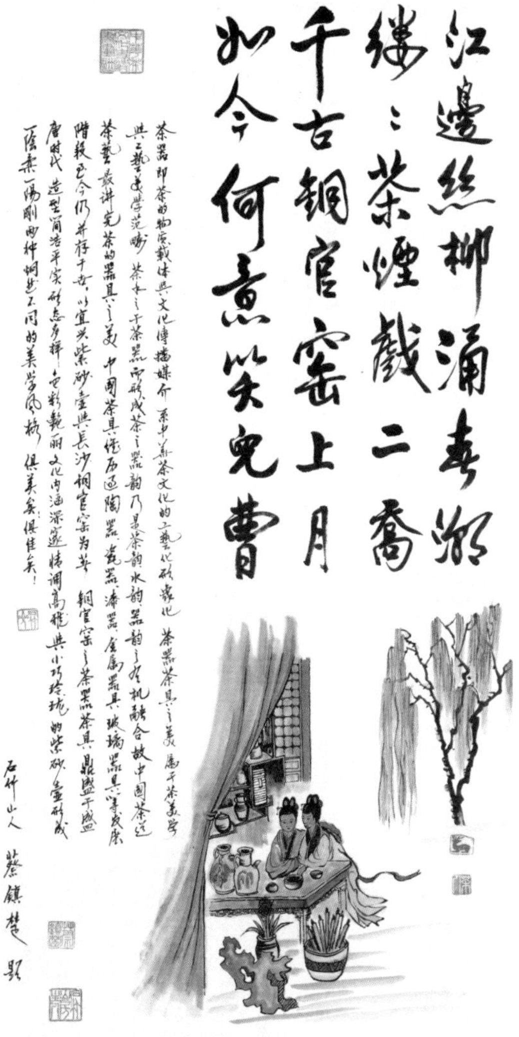

水为茶之母，器为茶之父。茶器茶具，千姿百态，美不胜收，是茶的物质载体与传播媒介，是中华茶文化的工艺化、形象化与意象化。

此诗书画图写茶器，运用写实与意象化的艺术手法，以东吴美女大乔、小乔品鉴茶器为中心，突出中国茶器茶具的艺术之美。

茶器之美，属于茶美学与工艺美学范畴。茶水之于茶器，而形成茶之器韵，乃茶韵、水韵、器韵之有机融合。没有茶器，茶无形，水无心。中国先人将茶器拟人化，属于天人合一的哲学（美学）范畴，是茶与金木水火土五行学说、茶与书画艺术的完美结合，云水禅心，呈现出高雅、优雅、素雅、淳雅的装饰之美与茶文化博大精深的艺术之美，于是有南宋审安老人的《茶具图赞》。茶器之美，匠人匠心，千姿百态，如同三国时代东吴的大乔、小乔风情万种。江边杨柳，春意荡漾，缕缕茶烟，香伴皎洁月轮，如丝如帘、如梦如幻、如痴如醉。中国茶道及茶艺表演，最讲究茶的器具之美。

中国茶的器具，历史悠久，经过陶器、木器、漆器、紫砂壶、瓷器、金属器、玻璃器等发展阶段，是中国人创造智慧与手工艺的结晶。瓷器之作，历来有汝窑、定窑、建窑、官窑等名窑；另有长沙铜官窑瓷器、景德镇瓷器、醴陵瓷器等，特别是唐代铜官窑的器具。书画以当时创作的诗歌民谣，配以山水人物画，更富有文化内涵与时代气息，乃是陶瓷美学的诗化，更是一个诗化的时代。

21 | 达摩茶寮

初祖达摩云水禅，茶寮香烛化尘埃。
南朝寺庙如春笋，缕缕茗烟飞杜鹃。

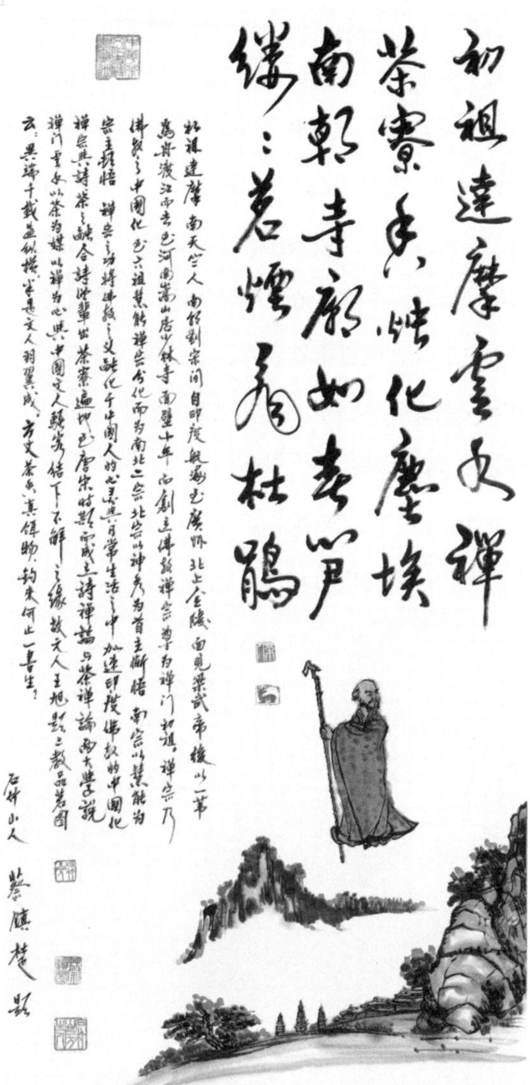

此幅诗书画图写“达摩茶寮”，运用人物与寺院相互映衬的艺术手法，以禅宗初祖菩提达摩为中心，说明达摩南来，在嵩山面壁十年创立禅宗，对中国茶文化与禅宗文化的结合产生何等重要的影响。

达摩，即菩提达摩，南天竺人。南朝刘宋年间，自印度航海到达广州，北上金陵，想面见崇佛的梁武帝。遭受冷遇后，以一根芦苇为舟，渡江西去，到达河南嵩山，居少林寺，面壁十年，创立禅宗，被后世尊为禅门初祖。

茶寮，是佛教禅寺为防止僧徒念经时打瞌睡而设置的茶室，按时让僧侣们饮茶。可以说，寺院茶寮，也是中国最早的茶馆。

禅宗，是佛教的一大宗派。自达摩至六祖慧能，禅宗分化为南北两宗：南宗以慧能为首，主顿悟；北宗以神秀为首，主渐悟。二宗并立，使禅宗形成“一花五叶”的繁荣局面。一花，就是禅宗；五叶，就是禅宗的五大派别，即沩仰宗、临济宗、云门宗、曹洞宗、法相宗。

禅宗美学，在于“妙悟”，妙万物，悟人生，妙境界。禅宗之功，将佛教之义理与儒道相结合，融于中国人的心灵与日常生活之中，使佛教中国化。至于唐宋，禅宗与中国诗文、中国茶文化融合，形成“诗禅论”与“茶禅论”两大著名学说。诗僧辈出，茶寮遍地，禅门云水。茶成为寺院联络文人骚客的纽带，以茶为媒，以禅为心，以诗为果，茶修、禅修与中国文人骚客结下不解之缘。故元人王旭《题三教品茗图》诗云：

异端千载益纵横，半是文人羽翼成。

方丈茶香真饵物，钓来何止一书生？

22 以茶养廉

茶缘四谛尚清廉，陆纳以茶代酒筵。
自古中华多俭士，奢豪之习非圣贤。

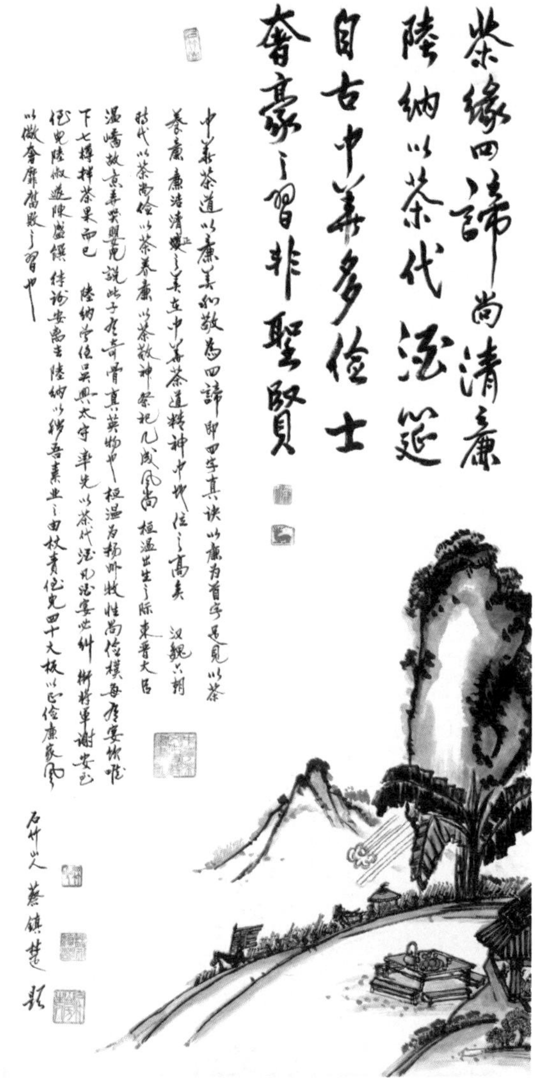

此幅诗书画图写“以茶养廉”，以写实与意象化相结合的“大斧劈皴法”，以陆纳杖责侄儿陆俶（chù）的故事为题材，大笔淋漓，点染刷色，虚实相生，突出魏晋以来中华茶人廉洁奉公的高贵品德。东晋大臣温峤的仪仗威风与陆纳为官以茶代酒的清廉之风，形成鲜明对比。

汉魏六朝，以茶尚俭，以茶养廉。大将军桓温出生之时，东晋大臣温峤说：“此子有奇骨，真英物也。”桓温成才后，为扬州牧，性尚俭朴，每有宴饮，唯下七樽，拌茶果而已。陆纳曾任吴兴太守，率先奉行以茶代酒，凡酒宴必纠。卫将军谢安至吴兴，陆纳倡导“以茶代酒”，只准备一些茶、点心、水果招待，其侄儿陆俶怕丢了叔叔面子，就背着叔叔陆纳，私自准备了一席酒菜佳肴，搬上酒席，热情款待卫将军。待酒足饭饱的谢安走后，陆纳以玷污自己清廉之风、败坏陆门家风之罪，命令侍卫杖责侄儿四十大板。陆纳从严整肃家风、官风，以儆奢靡腐败之习。以茶养廉，古今传为美谈。

一杯清茶，古今同韵；两袖清风，为官清正。以茶养廉，是中国茶文化的一个重大命题。陆羽《茶经》卷一载：“茶之为用，味至寒；为饮，最宜精行俭德之人。”精行俭德之人，指具有崇高的操行和节俭的美德人士。宋人苏轼有《叶嘉传》、元人杨维桢有《清苦先生传》、明人徐爀有《茶居士传》、支中夫有《味苦居士传》等，皆以茶喻君子。宁静清和的生活方式，精行俭德的人格追求，正是茶之廉、廉之韵的君子人格之美。

中华茶道以“廉美和敬”为四谛，此茶道四字真诀，以廉为首，足见以茶养廉、廉洁清正之美，是中国茶人的终极追求，让这种清廉茶风，吹拂在中华大地的青山绿水之间，滋润每个为人为官者的涓涓心田。

23 茶诗

江山奇绝出灵芽，才子有缘结叶嘉。[1]
诗客骚人品茗乐，文坛咏叹浣溪沙。

茶诗，乃品茶、咏茶、题茶画之诗，是茶的诗化，也是茶文化与茶美学的诗化。

中国茶诗，滥觞于先秦，发展于汉魏六朝，而成就于唐才子。《诗经》与《楚辞》，以及魏晋六朝的张载、孙皓、左思等人的诗中均有涉茶之句，但不是真正意义上的茶诗。茶与诗歌，如同才子佳人联姻，成就了诗歌王国的别体奇葩，即千年茶诗。

中国茶诗的基本特点，以茶为本，以诗为体，是茶韵与诗韵之结合。没有唐诗艺术的繁荣发展，没有诗歌王国的皇天后土，则不可能有茶诗创作之繁盛。可以说，茶诗是茶山的云霞，是杯中的日月，是啜苦咽甘的人生体悟。

一句话，茶诗是中华茶文化与中国诗文化相互结合的产物，是诗歌王国的宁馨儿。

---

[1] 才子：唐代诗人的称誉，出自唐人对元才子元稹的戏称与元人辛文房的《唐才子传》。叶嘉：即茶叶，嘉木之叶。苏轼将茶叶拟人化，而为武夷山茶撰作著名的《叶嘉传》。

江山奇絕出靈芽
才子有緣結葉嘉
詩家騷人品茗樂
文壇咏讚浣溪沙
茶詩乃品茶咏茶題茶畫之詩，是茶的詩化，茶文化与茶葉學的詩化
真正意義的茶詩淵源于先秦与漢魏六朝而成于唐才子。風騷乃至張載孫楚
左思之詩句祇能算作其濫觴也
茶与詩聯姻成就千年茶詩
詩以茶為本以詩為体是茶韵和詩韵之結合，沒有唐詩艺术的繁荣发展，沒有
詩歌王國的星至启土則不可能有茶詩創作之繁盛，可以說茶詩乃是中國茶
文化與中國詩文化相互結合的產物，是詩歌王國的寧馨兒
石竹山人 蔡鎮楚 題

24 | 茶赋

青翠灵芽烟雨中，神童荈赋醉春风。
芊芊才女鲍令妹，香茗赋佳映彩虹。

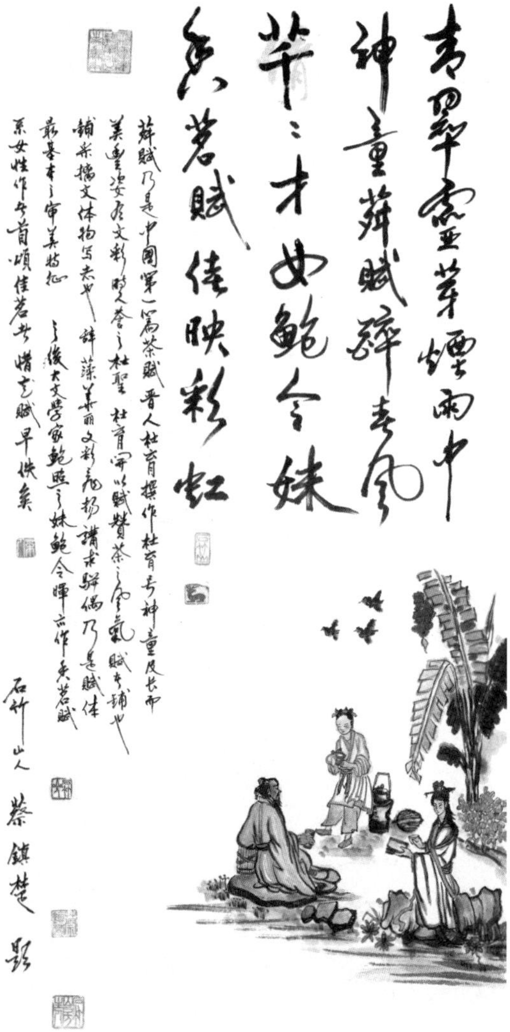

此幅诗书画图写茶赋，以中国第一篇茶赋为描写对象，以意象化的手法，突出魏晋时期文人走近茶界，以笔墨纸张书写辞赋，为中国茶文化提供了新的载体。

赋是古代一种叙事抒情的文体，有诗体赋、骚体赋、散体赋三类，形式有骈体大赋、抒情小赋等。赋崛起于西汉，汉赋与唐诗、宋词、元曲交相辉映，并称于世，是大汉帝国“大一统”气象的产物，也是一代人崇尚靡丽、侈丽、弘丽的审美情趣的集中体现。因此，一代汉赋的审美范畴，可以用一个“丽”字来概括，铺张扬厉，汪洋恣肆，注重侈丽闳衍之美。汉赋之美，铺采摛文，以体物写志、润色鸿业为基本特征。司马相如、扬雄、班固、张衡并称为“汉赋四大家”。

茶之于赋，其基本特点，一是承袭张衡《归田赋》的抒情小赋传统，以抒情小赋为主；二是以雅俗共赏为审美风格，较少出现铺张扬厉、铺采摛文的骈文大赋；三是以茶为主体，抒发茶人的情趣，是茶的羽衣霓裳，是茶的七宝楼台，是文人对茶的诉说和赞叹。率先将赋体引入茶界者，始于魏晋时代。晋人杜育（一作杜毓），别开生面，将抒情小赋引入茶文化界，其《荈赋》是中国的第一篇茶赋。杜育，号神童，长大而美丰姿，有文采，时人誉之“杜圣”。汉赋之后，杜育开创以赋写茶的一代风气，使中国茶文化有了辞赋作为其重要载体与传播媒介。

杜育的《荈赋》之后，大文学家鲍照之妹鲍令晖亦作《香茗赋》，系女性作家首颂佳茗者，实在难得，惜其此赋早已散佚。唐宋时期茶赋逐渐盛行，有顾况《茶赋》、吴淑《茶赋》、梅尧臣《南有嘉茗赋》、黄庭坚《煎茶赋》、方岳《茶僧赋》、吴梅鼎《阳羡名壶赋》、全祖望《十二雷茶灶赋》等。至于现当代，2007年春，我发表《千两茶赋》之后，中国现代茶赋日渐兴盛，遍布于全国各大茶区与茶企、茶馆，成为中国茶文化复兴的高雅载体与传播媒介。

25 | 茶画

艺坛茶画是奇葩，山水形象人物佳。
佳丽灵芽潇洒雨，自然神韵一帘花。

此幅诗书画图以写意的笔法，描绘中国画与茶文化的结合，开创了一种新的艺术风气。丰富多彩的历代茶画从此成为中国茶文化的艺术载体，具有不可或缺的重要意义。

茶画，是中国画的一个艺术派别，是文人画，而非画家之画，以茶文化中的人物事件为描写对象，以品茶、茶事活动为基本题材，是茶与书画艺术的融合。中国茶画肇始于汉代，有1972年长沙马王堆汉墓出土的一幅敬茶仕女帛画为证，而后兴起于唐宋，盛行于明清时代。

茶画是中国画坛的一枝奇葩，古往今来，有写实与写意两种，是中华茶文化的艺术精品与传播媒介。中国茶画传播于世界，而西洋茶画的代表作，是曾在美国与墨西哥发现以茶为主题的壁画。尽管艺术风格不同，但万变不离其宗，茶画必须以茶为中心。

中国茶画，与一般山水写意画所不同者，审美特征主要有四点：一是以茶为审美中心；二是茶画普遍以涉茶人物事件为主体；三是有美人形象，美人奉茶是常见的画面；四是注重茶禅一味的审美情趣和美学境界。

藝壇茶画是奇葩
山水形象人物佳
佳麗靈芽瀟灑而
自然神韵一帘茶

茶画以品茶與茶事为創作題材乃是茶韵与詩書画藝術之融合一体属于中国画苑的一枝奇葩 茶画肇始于西汉有長沙馬王堆汉墓出土的绢帛茶画仕女奉茶图可为証而以中国画艺术为特征的茶画則興于唐宋而盛于明清时代 中国茶画有寫实和寫意几种 注重描绘茶境而韵于人物形象化是中華茶文化的藝術傳播媒介 茶画之妙品皆为詩书禪之三位一体 忽略其詩意与書法藝術者绝非佳作也

石竹山人 蔡镇楚题

26 | 文成公主入藏兴茶

雪域青稞粒粒晶，高原消食嘉木英。
文成公主惠民意，带上灵芽万里行。

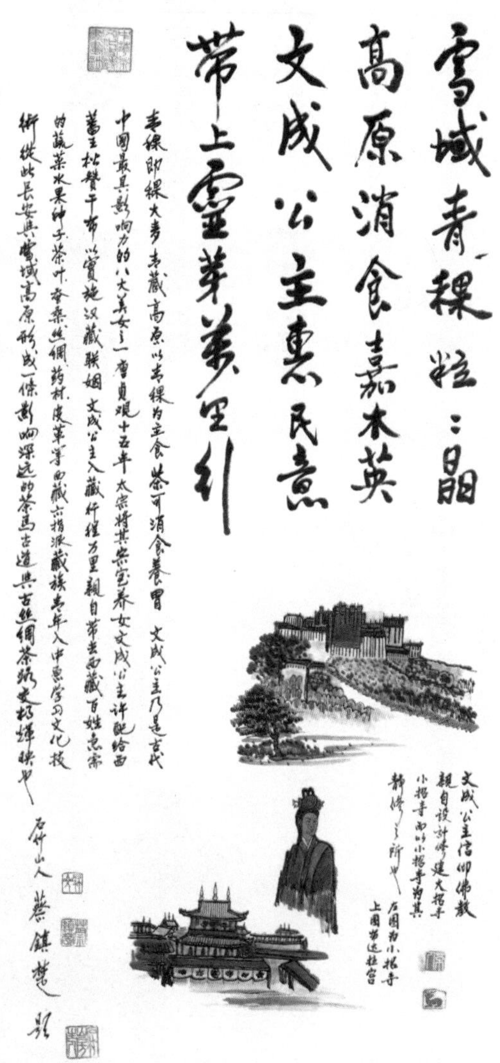

神秘的青藏高原，是藏传佛教的发祥地。藏族同胞虔诚、敦厚而朴实。青稞，即稞大麦。藏族同胞以青稞为主食，自古与茶结缘，茶可消食养胃，是雪域高原的必备饮料。此幅诗书画图写文成公主入藏兴茶，运用自然意象与人物勾勒相结合的艺术手法，以文成公主入藏和蕃之历史故事为中心，以布达拉宫与大、小昭寺为背景，书写西藏高原与内地茶文化及茶贸易交流之盛况。

唐贞观十五年（641年），唐太宗将宗室女文成公主许配给吐蕃赞普松赞干布，汉藏联姻，以和亲之策，谋求青藏高原的长治久安。文成公主入藏，行程万里之遥，为吐蕃百姓带去了急需的蔬菜、水果种子、茶叶、蚕桑、丝绸、药物、皮革等物品。吐蕃亦指派藏族青年来中原学习技术、文化。文成公主信奉佛教，松赞干布为其修建寺庙，作为公主的静修之所。文成公主主持修建的小昭寺，与雄伟的布达拉宫交相辉映。从此长安与青藏高原形成一条影响深远的茶马古道，与古丝绸茶路南北遥相呼应。

文成公主是西藏茶饮茶俗的先行者。茶叶是历代朝廷的战略物资，也是中原与雪域高原社会生活与情感联结的纽带。这条纽带是文成公主牵系起来的，文成公主是青藏高原茶俗、茶文明的开创者。据《唐国史补》：唐德宗建中二年（781年），常鲁公奉命出使西蕃，烹茶于帐中。赞普问道："此为何物？"鲁公回答："涤烦疗渴，所谓茶也。"赞普恍然大悟，说："我此亦有。"则命侍臣拿出来，指着这些茶叶解释说："您看！此寿州者，此舒州者，此顾渚者，此荆门者，此昌明者，此雍湖者。"吐蕃赞普如数家珍的茶，都来自内地的茶区，如安徽、江苏、浙江、湖北、湖南等，是茶马互市的历史见证。

27 三教品茗

三教品茶彩蝶飞，悠悠茗事乃皈依。
诗僧名士神思悦，道法自然叠翠微。[1]

此幅诗书画图写“三教品茗”，运用山水自然与写实结合的艺术手法，以儒、道、释三家代表人物在一起品茶论道为中心，以山水自然、佛教寺庙、佛塔为背景，阐明儒、道、释三教融合的历史渊源，突出中国茶文化是如何以茶为媒，将儒、道、释三大文化融入其中的。中华茶文化的包容性，才成就了其博大精深。

儒、道、释三教之说，出自《北史·周高祖纪》：“谓其行政，以儒教为先，道教次之，佛教为后。”中华茶道是儒、道、释三教合流的产物。隋唐时期，佛学繁盛，儒、道、释形成三足鼎立之势，为融合三家学说，女皇武则天首开三教殿，诏令张昌宗引李峤、张说、宋之问等二十余人编撰《三教珠英》。儒、道、释三教合流的文化环境与唐代茶业崛起的时代气息，促成了中华茶道的应运而生，没有儒道释三教合流，就没有后来的茶道。

中唐时期，诗僧皎然首倡“茶道”，而后陆羽著《茶经》，遂使“茶道大行”。中国茶道属于美的哲学，以“道法自然”为其核心学说，融天道、地道、人道于一体，承载着儒、道、释三大民俗文化的基因，极大地影响着中国人的生活方式和审美情趣。

杯底日月，壶中乾坤，此乃中国茶道之义蕴。

[1] 皈依：一作归依，佛教徒的入教仪式。因对佛、法、僧三宝要表示归顺依附，又称“三皈依”。诗僧：会赋诗的和尚。道法自然：道家哲学思想。《老子》云：“道生一，一生二，二生三，三生万物。”“道法自然。”认为道生万物，要遵循自然法则，不能违背自然规律。翠微：翠绿山林之中雾气升腾的自然景象。

三教品茶彩蝶飛
悠悠茗事乃皈依
詩僧名士神思悅
道法自然疊翠微
儒道釋三教之說出自北史周高祖紀謂武帝以儒教為先道教次之佛教為後
隋唐時期佛學繁盛儒道釋形成三足鼎立之勢為融合三家學說以利國計民生
繁榮中國文化武則天首開三教殿詔令張宗昌引文學之士李嶠張說宋之問等二十餘人
編撰《三教珠英》儒道釋三教合流之文化環境與唐代茶業崛起之時代氛圍促成中華
茶道之應運而生 詩僧皎然首倡"茶道"而後陸羽著茶經遂使茶道大行 中國茶道屬于美
之哲學以道法自然為其核心學說融天道地道人道于一體承載着儒道釋三大主流文化和民俗
文化影響中國人的生活方式與審美情趣 杯歟日月 壺中乾坤 此乃中華茶道之義蘊也
石竹山人 蔡鎮楚 題

28 | 盛世兴茶

李唐帝国万象新，嘉木云霞四季春。
盛世兴茶诗客乐，醉煞日月涤凡尘。

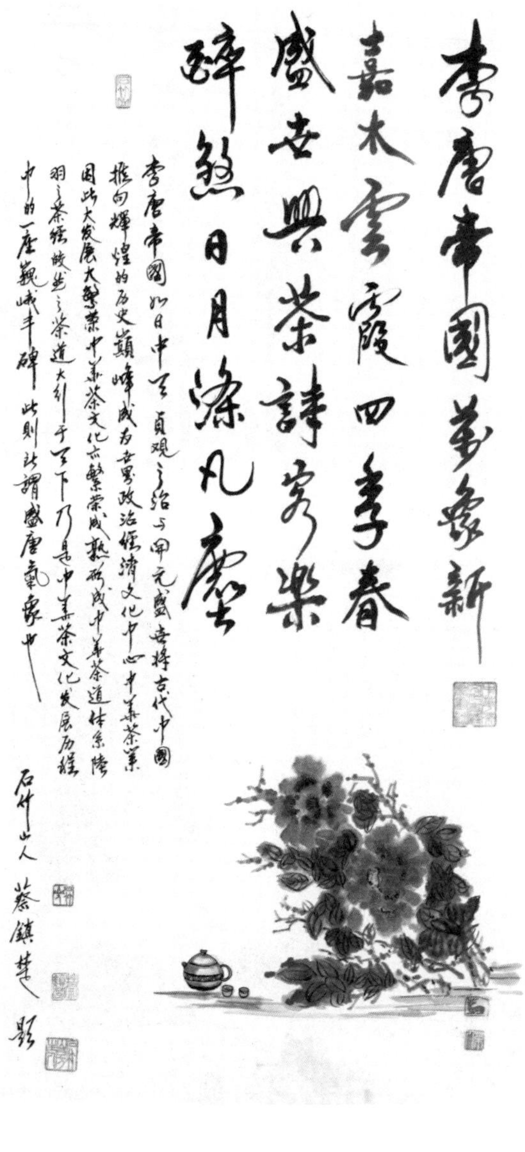

此幅诗书画图写“盛世兴茶”，运用意象化的艺术手法，以唐朝国花牡丹与茶壶为中心，揭示盛世兴茶的发展规律，突出李唐王朝国运之昌盛如同盛开的牡丹花，展示中华茶文化的盛唐气象。

中华茶业的发展历程有一个基本规律：盛世而兴，乱世而衰。李唐帝国如日中天，贞观之治与开元盛世，将大唐帝国推向辉煌的历史巅峰，成为世界政治经济文化中心。中华茶业因此大发展、大繁荣，中华茶文化亦繁荣成熟，如国色天香之牡丹，形成中华茶道体系。陆羽的《茶经》，皎然的“茶道”，元稹、白居易的茶诗，大行于天下，是中华茶文化发展历程之中的一座座巍峨的丰碑。这就是茶界的所谓“盛唐气象”。

这种盛唐气象表现在茶学与茶文化领域之中，总体特征表现在：1.积极进取、昂扬奋发的时代精神；2.山川形胜、茶坞叠翠、茶烟缭绕的时代风尚；3.民间茶习、文人骚客与佛教禅院相互辉映的品茶境界；4.陆羽《茶经》的撰写与皎然“茶道”及唐才子茶诗的繁荣发展。

盛唐气象，成就了茶诗。茶诗，乃品茶、咏茶、题茶画之诗，是茶的诗化，也是茶文化与茶美学的诗化，是文人骚客参与茶事活动的艺术结晶。

29 唐睿宗与辰州茶

李王被贬入辰州，戏水鸳鸯不胜羞。
睿宗回朝接位日，碣滩茶韵满龙舟。

此诗书画图写“唐睿宗李旦与辰州茶”，运用历史写实与夸张的艺术手法，描绘了一个动人的爱情故事。以胡凤姣为中心，以唐睿宗的龙舟为背景，通过李旦与胡凤姣相知相恋的故事，呈现了历史名茶碣滩茶的无穷魅力。

碣滩茶，得名于唐，系历史名茶，因产于辰州碣滩而得名。相传唐高宗第八子李旦因皇位之争，被武则天贬谪到辰州，流落在沅陵胡家坪的胡员外家当佣人。员外家的千金女胡凤姣善良、贤淑，看中这位家佣，与他私订终身。后唐中宗退位，李旦被朝廷找回继位，是为唐睿宗。李旦不忘初心，派人迎奉糟糠之妻胡凤姣进京。官船由沅水而下洞庭湖，沿途乡亲进献碣滩茶与土特产。胡凤姣品尝碣滩茶后，顿觉香气馥郁、甘醇爽口，便择其佳制带回长安，唐睿宗与大臣们品饮辰州茶，异常喜爱，将其定为朝廷贡茶和国礼。

1973年，日本首相田中角荣访华，还特地向周恩来总理问及碣滩茶。2011年秋天，我与湖南农大茶学教授施兆鹏、湖南农科院研究员黄仲先、湖南茶学专家陈晓阳、尹钟等七人赴沅陵考察无射山，而后考察历史名茶碣滩茶，施老为之题写“盛唐一帝，中日二相。皆问佳茗何方，唯有碣滩茶”。我为之题写一联：“茶缘无射，业继盛唐。”

李王被贬入辰州
戏女鸳鸯不胜羞
睿宗回朝接位日
碣滩茶韵满龙舟
碣滩茶系唐代历史名茶因产平辰州碣滩而得名 据传唐初 高宗第八子李旦因帝迟皇储之争而被武则天贬谪到辰州溆浦 並胡家坪排员外家当佣人处 千斤担招风妓秀中运任家用而招訓终身 後唐中宗退位李旦被我回朝迎接住为唐睿宗李旦派員迎奉皇妃胡风妓进京船由水入沅而下洞庭沿途为提进献碣滩茶典上特产 回训长安唐睿宗兴大臣们异常喜爱据今为贡送 贡茶红圆礼茶 元七三年日本首相田中角荣省次访华並还特代向周恩来总理问及碣滩茶 茶缘 霓彩菜縋盛唐此为辰州碣滩茶是也
石竹山人蔡镇楚题

30 唐玄宗统一“茶”字

先唐茶字异称多，宫掖御宴赋茗歌。
玄帝笔端茶字定，悠悠岁月算几何？

此幅诗书画图写“唐玄宗统一‘茶’字”，运用写实与意象化的夸张手法，以“茶”字为中心，以苍松下的唐朝宫廷生活为背景，通过唐代宫廷美女的轻歌曼舞，展现身处开元盛世的唐玄宗统一“茶”字的历史功绩。

古代的中华大地，地广人众，方言迭出。秦始皇统一中国，书同文，车同轨，实施一切行政区域、制度文化融合，“去六国诸侯化”，大中华一统，却未统一“茶”字，致使先秦两汉以来，茶有茗、荈、荼、槚、蔎、葭等多种说法，所言茶者，因其地域方言俚语而异。

中国茶之名，因地域方言，而颇多异称。至于唐代，中国茶业及茶文化高度繁荣发展，茶字之形、义、音三者的统一，已经势在必行。诚如陆羽《茶经》一之源所云：“其字，或从草，或从木，或草木并。”从草，当作茶，其字出《开元文字音义》。《开元文字音义》是开元年间组织编纂的一部字书。唐玄宗在为《开元文字音义》作序时，遂将茶的文字符号，统一为“茶”字，取义为“人在草木之中”，茶为绿色健康之饮。这是茶文化界的一件大事，也是开元盛世繁荣中国茶业的一大举措。

先唐茶字异称多
宫掖御宴赋茗歌
玄宗笔端茶字定
悠悠岁月算几何

中华大帝国地广人众，秦始皇统一中国时书同文车同轨，却未能统一茶字，致使先秦以降茶的文字称号有茗、荈、茶、槚、蔎、𣗪、葭等，所言茶皆因地域方言而别。至于唐时，中国茶业及其茶文化进入高度繁荣发展阶段，茶字之统一势在必行。唐玄宗帝时度势，为之《开元文字音义》作序，遂将茶的文字称号统一定为“茶”字，取义为绿色健康之饮也。

石竹山人　蔡镇楚题

31 | 巴蜀茶韵

李杜当年寄蜀川，梨花丝雨啼杜鹃。
锦城美女捧茶意，蝶舞诗坛万斛泉。

此幅诗书画图描写巴蜀茶韵，以大诗人李白的“蜀道之难难于上青天”为主题，借用李白手中的茶杯、酒杯，敬奉巴蜀神奇的山川之神——杜鹃，以突出巴蜀茶韵的神圣庄严。

巴蜀，号称天府之国，是茶树、茶叶、茶文化的重要发源地之一。古蜀国国王望帝，死后化为杜鹃。巴蜀地区以其山川形胜之险峻，让大诗人李白发出“蜀道之难难于上青天”的叹息。为了获取蜀地资源，秦惠王曾以金牛开蜀道，令五个美女亡蜀，这些传说皆显得悲壮而神奇。然而，川蜀毕竟是西南茶文化的发祥地，秦汉时期成都有武阳茶市，魏晋张载留下“芳茶冠六清”与孙楚“姜桂茶香出巴蜀”等诗篇，最早记录茶历史文献的地方志之《华阳国志》，都证明了巴蜀在中华悠悠茶史上的重要地位，特别是李白、杜甫作为诗歌王国两大巨星，皆与其结下不解之缘，一诗仙、一诗圣，使这个神秘的古蜀国又焕发出诗意的光环。

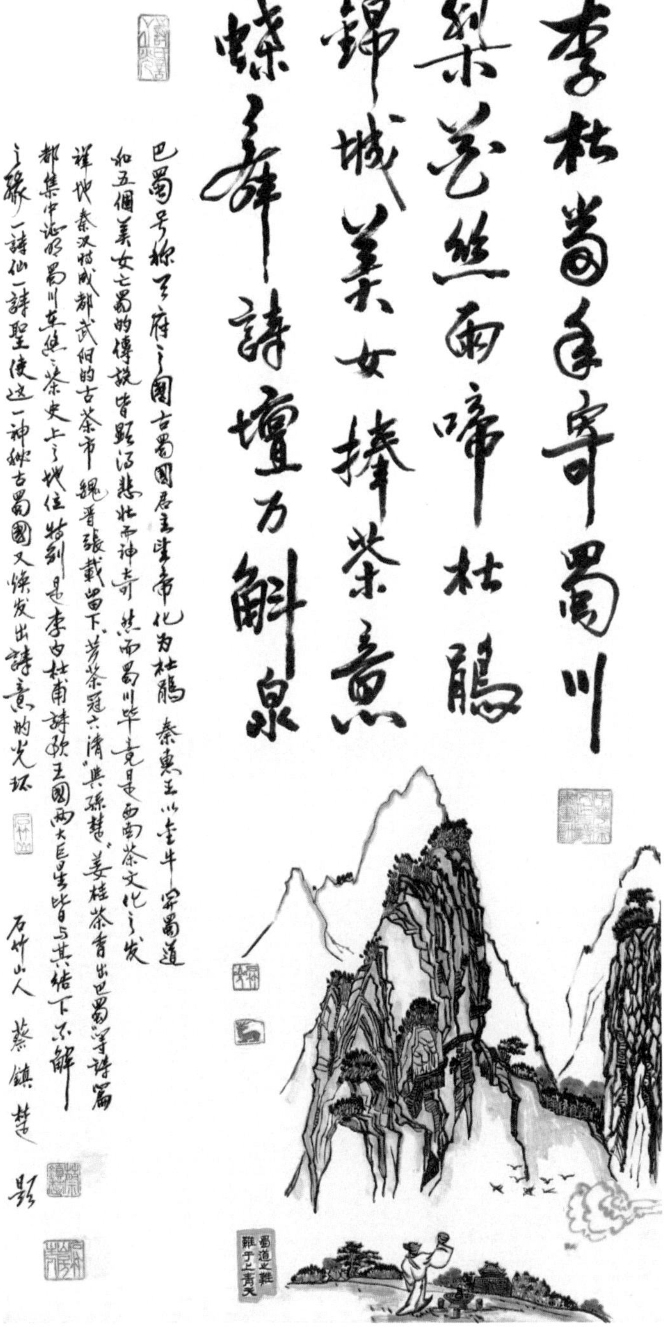
李杜蜀鄉寄蜀川
梨花丝雨啼杜鵑
錦城美女捧茶意
蝶舞詩壇万斛泉
巴蜀号称天府之国，古蜀国君主望帝化为杜鹃，秦惠王以金牛开蜀道
和五個美女亡蜀的傳說皆顯得悲壯而神奇。然而蜀川畢竟是西南茶文化之发
祥地，秦汉时成都武阳的古茶市，魏晋張載當下“芳茶冠六清”與孫楚“姜桂茶荈出巴蜀”等詩篇
都集中证明蜀川在茶史上之地位。特别是李白杜甫詩歌王國两大巨星皆与其結下不解
之缘。一詩仙一詩聖使这一神秘古蜀國又焕发出詩意的光环
石竹山人 蔡鎮楚 題
蜀道之難 難于上青天

32 | 李白茶吟

君不见李白斗酒诗百篇，天子呼来不上船。
又不见太白嗜酒亦爱茶，酒仙诗仙亦茶仙。
当阳清溪玉泉寺，青莲居士结茶缘。
醉酒赋诗仰天笑，茗韵芬芳意绵绵。
酒心茗韵浮日月，诗情画意笔如椽。
鼎中茶，杯底月，茶缘天地幕先贤。
仙人掌茶居士名，锦绣江山飞茗烟。

此诗书画图写“李白茶吟”，运用写实与浪漫主义相结合的艺术手法，以李白茶吟为主体，以当阳玉泉山寺院为背景，以诗行间品茶的李白为题头，从诗到画面，意境深远，笔力豪放，无拘无束，借助一首歌行体长诗，吟咏诗人李白为当阳“仙人掌茶”创作唐朝第一首茶诗的故事。

李白是中国人心目中的大诗人，个性豪放，才华横溢，斗酒诗百篇，是酒仙，也是诗仙。为了酒中之乐，他可以傲视权贵，粪土王侯，甚至连妻儿都不顾惜，放荡不羁到了水中捞月的境地。

李白爱茶，游历到湖北当阳，特地为其族侄僧中孚禅子题写仙人掌茶诗。此乃李白的第一首歌行体茶诗，也是中国茶文化史上第一首真正意义上的文人茶诗。仙人掌茶出自湖北当阳的玉泉山，以其形状如仙人掌而得名，系中华茶史上野生晒青茶之最早者。大诗人李白以其族侄僧中孚禅子赠送玉泉山仙人掌茶而赋诗，诗题为《答族侄僧中孚赠玉泉仙人掌茶》。汉茶有幸，当阳玉泉山有幸。

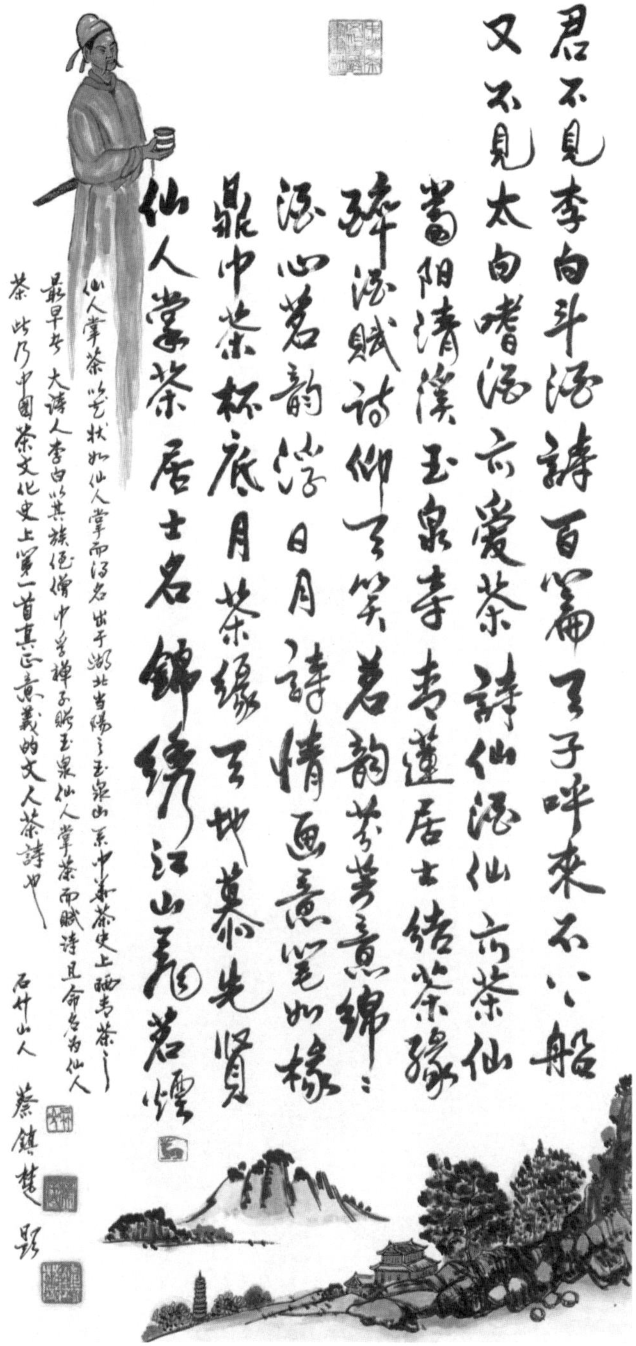
君不見李白斗酒詩百篇天子呼來不上船
又不見太白嗜酒亦愛茶 詩仙酒仙亦茶仙
當阳清溪玉泉寺 青蓮居士結茶緣
醉酒賦詩仰天笑 茗韵茶香意綿綿
酒心茗韵浮日月 詩情畫意筆如椽
鼎中茶杯底月 茶緣天地慕先賢
仙人掌茶居士名 錦繡江山飄茗煙
仙人掌茶以其状如仙人掌而得名 出于湖北当阳之玉泉山 系中华茶史上晒青茶之
最早者 大诗人李白以其族侄僧中孚禅子赠玉泉仙人掌茶而赋诗且命名为仙人
茶 此乃中国茶文化史上第一首真正意义的文人茶诗也
石竹山人 蔡鎮楚 題

33 | 杜甫啜茗时

诗圣当年少咏茶，西南漂泊走天涯。
潇湘风雨孤舟夜，江阁茶心细柳斜。

此诗书画图写“杜甫与茶”，运用写实的笔法，以一株古老苍劲的柏树为主体，以一艘孤寂的木船为衬托，再题上杜甫涉茶的《重过何氏五首》之三,一则突出杜甫的艰难困苦，二则要为大诗人杜甫翻案，纠正前人关于“杜甫不屑茶诗”之说。

杜甫（712—770年），字子美，自称少陵野老，河南巩县（今巩义市）人，唐代伟大的诗人。杜甫举进士不第，适逢安史之乱，滞留长安十年，饱受人生疾苦，以诗记录社会苦难，被誉为“诗圣”，与李白并称为“李杜”。一部杜诗集，如同一部伟大的史诗，而专言茶者全无，涉于茶者，仅四五首，故后世嗜茶者，对杜甫颇有非议，说“杜甫不屑茶诗”。但显然这是一种误会。

杜甫一生，适逢安史之乱，拖家带口，漂泊西南，穷困潦倒，客死于湘江的孤舟。然而，他始终以诗纪事，以诗明志，茶余饭后，关心家国，体恤民生，忧国忧民。以茶赋诗，少之又少，何也？此乃其生活遭际与兴致情趣之所为。茶能消食，品茶论道，乃文人雅事。而杜甫一家，饭不饱肚，全靠诗友接济，哪还能思茶、品茶、论茶？关于杜甫之死，有这样一种说法：耒阳县令在耒水边，以美酒牛肉款待诗圣。杜甫吃得痛快，醉酒不醒而未归。适逢耒水暴涨，杜甫被淹死了。耒阳县令为洗脱责任，向朝廷谎报杜甫病逝。

其实，杜甫与大诗人李白一样爱茶、嗜茶，虽并未像元稹、白居易那样大量写作茶诗，但涉于茶者之诗亦有数首。其《重过何氏五首》之三云：

落日平台上，春风啜茗时。
石阑斜点笔，桐叶坐题诗。
翡翠鸣衣桁，蜻蜓立钓丝。
自逢今日兴，来往亦无期。

落日平台，春风石阑，翡翠蜻蜓，池鱼钓丝，啜茗尽兴，桐叶题诗。这不啻一幅杜甫啜茗图，也是茶人品茶的一种境界。前人的一个“不屑茶诗”，冤枉诗圣杜甫了。

34 刘禹锡与西山兰若炒青法

西山兰若试茶歌，昔日刘郎谪绿萝。
且问绿茶炒青法，朗州司马赋诗多。[1]

此诗书画图写“西山兰若炒青法”，运用自然描绘与人物写真相结合的艺术手法，以朗州司马刘禹锡等船渡沅江去西山兰若品茶论道为题材，突出常德西山兰若采用炒青法制作绿茶的工艺技术。

炒青是绿茶制作的一种方法。最早的绿茶炒青法出自哪里，后人很难断定，可能出自民间，只知这种制茶工艺早在中盛唐时代已经成熟，有刘禹锡《西山兰若试茶歌》为证。

刘禹锡（772—842年），洛阳人，贞元年间进士及第，登博学鸿词科，授监察御史。因参与永贞革新失败，被贬为朗州司马。在朗州几年，刘禹锡经常到西山兰若与僧侣品茶赋诗，所撰写的《西山兰若试茶歌》，在茶史的地位极高，历数中国饮茶史事掌故与各地名茶，极赞常德西山茶之美。其中“斯须炒成满室香”一句，描写绿茶炒青法工艺效果之美。茶学界因此认为绿茶炒青法，早在唐代寺院已经普及。

[1] 兰若，是佛教寺院别名。西山兰若，在常德西山。

西山兰若試茶歌
昔日劉郎誦绿萝
且问绿茶炒青法
朗州司馬賦詩多
炒青是绿茶制作方法这种工艺早在中盛唐时代则已经
纯熟运用唐大詩人劉禹锡之詩为证劉禹锡因永貞革新失败而
贬为郎州司馬居于常德府他不时前往常德西山寺院與僧侣品茶賦詩
其西山兰若試茶歌一詩乃数中国饮茶史事学故与各地名茶极赞常德
西山茶之美其中斯须炒成满室香一句描写绿茶炒青法工艺效果
之美茶学界因此認为绿茶炒青法早在唐朝已经普及之矣
石竹山人
蔡镇楚 题

35 ｜ 女茶艺师李季兰

风流才女李季兰，翰墨诗心百卉残。
陆羽神交知己意，悠悠茶艺泪尊前。

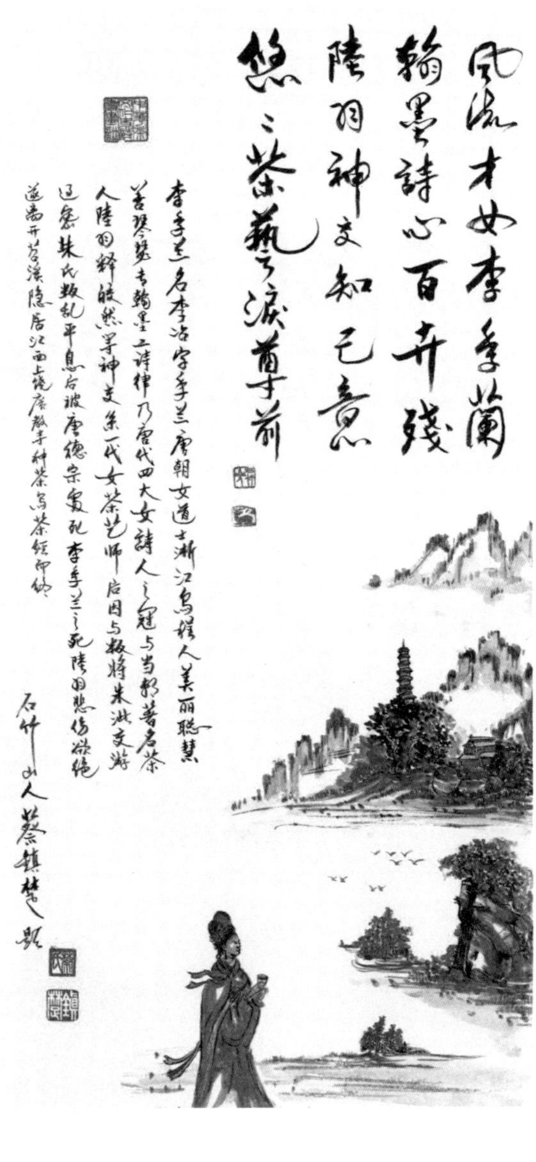

此诗书画图写“女茶艺师李季兰”，以玉真观为背景，以李季兰为对象，以写实与想象相结合的手法，描绘了中国第一个女茶艺师的人生际遇与悲剧。

李季兰（？—784年），名李冶，字季兰，浙江乌程（今属吴兴）人，幼聪慧，六岁能诗，善弹琴，十一岁被送入剡溪玉真观，为女道士，专翰墨，是唐代著名女诗人，与薛涛、鱼玄机齐名，存诗十余首。后人将其与薛涛诗合集成《薛涛李冶诗集》。

是命运的捉弄，还是前世的因缘？在浙江吴兴，陆羽先遇上诗僧皎然，而后知遇女道士李季兰。陆羽懂茶道，善茶艺，三十岁时，两人相见，成为知己。李季兰受陆羽影响，从事茶道养生，成为第一位女茶艺师。

李季兰是风流才女，与名士朱放、皎然、崔焕、肖叔子、陆羽、刘长卿、阎士和等人交往甚好，经常在一起品茶论道、谈诗论词，互相视为知己。此时的广陵，文人荟萃，李季兰因其美貌才情而名声大振。诗人刘长卿赞誉她是“女中诗豪”，高仲武夸她“形气既雄，诗意亦荡，自鲍昭已下，罕有其伦”。一年冬天，李季兰发病，陆羽前来探望，李季兰欣喜异常，作《湖上卧病喜陆鸿渐至》诗赠陆羽。

唐天宝年间，唐玄宗闻其诗才，特召李季兰赴京入宫，从此李季兰久居长安，晚年被唐德宗称为“俊妪”。建中四年（783年），大将朱泚发动泾原兵变，自立为帝，占据长安。李季兰平日与朱泚交往，诗书频繁。朝廷平定朱泚叛乱，李季兰受牵连被捕入狱。唐德宗按叛乱罪，将其处决。兴元元年（784年），李季兰被杀，一代才女，死于非命。这对陆羽打击极大。陆羽离开苕溪，隐居于上饶广教寺，发愤写《茶经》。

36 皎然茶道

茶道创于释皎然，自然神韵九重天。
千江月影波光意，云水禅心味茗烟。

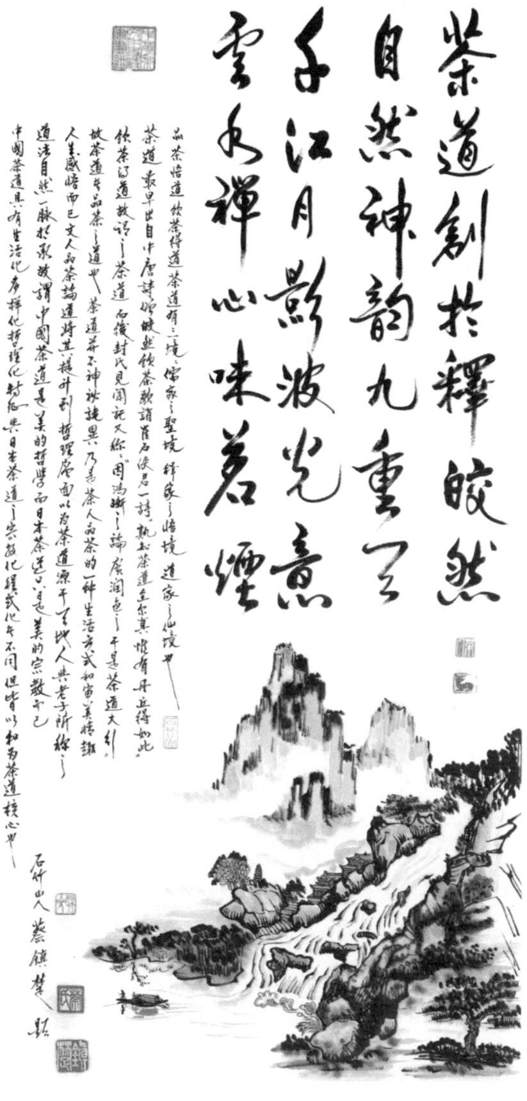

此诗书画图写“唐僧皎然茶道”，运用意象化的艺术手法，描写皎然茶道，以山水自然显示“茶道”意象，突出释皎然《饮茶歌诮崔石使君》倡言“茶道”的开创之功。

茶道何谓？茶道何为？道法自然，茶和天下。“茶道”一词，最早出自中唐诗僧皎然《饮茶歌诮崔石使君》一诗：“孰知茶道全尔真，唯有丹丘得如此。”皎然认为丹丘饮茶，三饮得道；茶道的真谛，唯有丹丘能达到如此境界。

皎然是唐代著名诗僧，与陆羽深交，著有《诗式》。丹丘子，道教仙人。丹丘子饮茶得道，品茶悟道，故谓之茶道。而后，封演《封氏见闻记》又称：“因鸿渐之论广润色之，于是茶道大行。”故茶道者，饮茶之道，品茶之道，悟茶之道也。道者，规则、原则、规律也。茶道并不神秘，如千江有水千江月，坐看云起山水间，乃茶人品茶的一种生活方式、审美情趣和人生感悟而已。

茶道仪轨是符号化、仪式化的茶道修炼，茶艺表演程序具有象征性、艺术性、表演性的审美特征。一般说，茶道仪轨大致分为五类：物象类、示象类、意象类、艺象类、灵象类等，因民族、地域、学术派别、宗教信仰、价值观念、生活方式、审美情趣、文化修养而异，可谓百花齐放、百家争鸣。但无论何种茶道仪轨，都应以真、善、美为境界，充分展现“以和为贵”的文化精神。日本茶道仪轨，精细别致，富有器具、陈设、环境之美，值得借鉴。但我总嫌其注重其术，而忽略其道，有拾羽失鹏之嫌。

文人品茶论道，茶人品茶悟道，将其提升到哲理层面，以为茶道源于天、地、人三才，与老庄所称“道法自然”一脉相承。故茶道有三境：儒家之圣境，道家之仙境，释家之悟境。中国茶道如潺潺流水，是茶的哲学、美的哲学，具有生活化、多样化和哲理化特征；日本茶道是茶的宗教、美的宗教，具有宗教化、程式化的特征。两者都以“和”为核心，“和”是茶道的灵魂，集中表现为三种关系，即茶与水的关系、人与自然的关系、人与社会的关系。

37 陆羽著《茶经》

悠悠青史茗烟稠，济济苍穹一叶舟。
借问茶经千古意，鸿渐笔力著春秋。

此幅诗书画图描写陆羽在山水自然之中隐居，品茗撰著《茶经》的故事。与历代茶画有所不同的是，画面中一株苍劲古朴的松柏树，以此自然意象突出陆羽撰《茶经》的伟大功绩与历史地位，如松柏之常青。

陆羽（733—804年），字鸿渐，又字季疵，湖北竟陵人。少孤，被和尚拾入寺院，在寺院长大，而后出游山林，采茶问道，与诗僧皎然交游，与湖州苕溪女道士李季兰相遇相知。李季兰出事被杀，他悲恨交加，无限哀伤之际，先后隐居湖州与上饶，发愤著述，撰写中国第一部《茶经》。

济济苍穹，悠悠青史，中国先人特别注重学术之经典。茶经者，茶之经典也。陆羽以《茶经》开创中华茶文化的新纪元，故被誉为“茶圣”。《唐才子传》记载：“陆羽，字鸿渐，嗜茶，造妙理，著《茶经》三卷，言茶之源、之法、之具，时号茶仙。”陆羽的《茶经》是世界上第一部茶学著作、中国茶文化的奠基之作。

陆羽以茶明志，一部《茶经》，以“精行俭德”为要义，因作歌云：“不羡黄金罍，不羡白玉杯，不羡朝入省，不羡暮入台；唯羡西江水，曾向竟陵城下来。”这“四不羡”，如歌如誓、如茶如烟、如信如誓，实乃中国茶圣陆羽之清白人生。

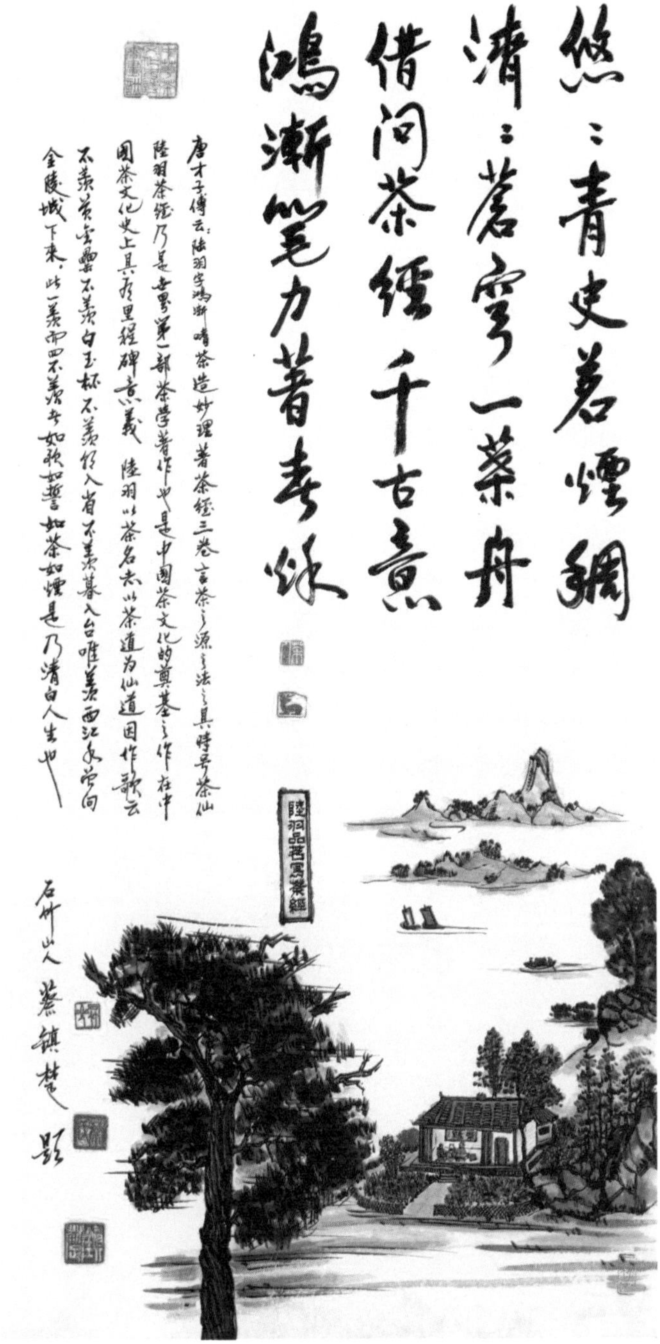
悠悠青史茗烟阔
清清茗雾一叶舟
借问茶经千古意
鸿渐笔力著春秋
唐才子传云：陆羽字鸿渐，嗜茶，造妙理，著茶经三卷，言茶之源之法之具，时号茶仙。陆羽茶经乃是世界第一部茶学著作，也是中国茶文化的奠基之作，在中国茶文化史上具有里程碑意义。陆羽以茶名志，以茶道为仙道，因作歌云：不羡黄金罍，不羡白玉杯，不羡朝入省，不羡暮入台，唯羡西江水，曾向金陵城下来。此一羡而四不羡者，如歌如誓，如茶如烟，是乃清白人生也。
石竹山人 蔡镇楚 题
陆羽品茗写茶经

38 黄鹤楼品茶

三楚故都云梦浮，灵芽青翠弄扁舟。
竟陵陆羽今何意，黄鹤楼头江水流。

此幅诗书画图写“黄鹤楼品茶”，运用历史写实与人物典型化的艺术笔法，以出生于湖北竟陵的茶圣陆羽为中心，以黄鹤楼为背景，自然相生，大开大合，畅快淋漓，旨在突出汉茶的辉煌历史与文化底蕴。

楚国是战国时期的强国，山水一脉，湖广一家；地缘异域，风月同天。明朝中叶，始分汉茶、湖茶，有湖广行省茶运司为证。两湖地区亦是中华茶祖炎帝神农氏驻足尝茶之处。因神农氏崩葬于长沙茶山之尾，故西汉初设立中国唯一以茶命名的茶陵县。

湖北茶之历史辉煌，在于茶祖神农氏涉足的神农架和尝茶之随州炎帝墓，在于竟陵人陆羽被世人尊称为“茶圣”。茶圣者，茶文化之圣哲也。陆羽著述的《茶经》，开创中华茶文化历史新纪元。两湖有幸，先有中华茶祖神农氏，后有茶中圣哲陆羽，此乃两湖茶史的奕代辉煌与对人类的巨大贡献。

三楚故都云梦浮
灵芽青翠弄扁舟
竟陵陆羽今何意
黄鹤楼头江水流

山水一脉湖广一家明行中叶始分汉茶湖茶湖广行省茶运司为证两湖亦是中华茶祖炎帝神农氏驻足尝百茶之地而崩葬于长沙茶山之尾故西汉则设以茶命名之茶陵县茶陵者茶山之陵也汉茶之辉煌不在神农架之名而在竟陵茶圣陆羽之尝陆羽著茶经开创中华茶文化历史新纪元两湖有幸先有茶祖神农后有茶圣陆羽乃是湖广茶史之奕代辉煌与巨大贡献湖广茶人无愧于中华茶祖及茶圣者唯有弘扬茶祖文化繁荣中华茶业也

石竹山人 蔡镇楚 题

39 卢仝七碗茶风

卢仝诗韵尚天文，奇崛险寒乱楚云。
七碗茶吞甘露月，清风两腋戏红裙。

此幅诗书画图写“卢仝七碗茶风”，以大胆夸张的艺术笔法，描写卢仝“七碗茶”之风，突出其《走笔谢孟谏议寄新茶》的历史价值以及卢仝的悲惨命运。

卢仝（约795—835年），号玉川子，河北范阳人。其诗宗韩愈、孟郊险怪诗派，尚天文日月星辰之象，《月蚀诗》深得韩愈赞许。卢仝命运悲惨，冤死于甘露之变，成为中唐朋党之争的牺牲品。然而，卢仝是茶人典范、茶诗大家，以七碗茶诗《走笔谢孟谏议寄新茶》名扬古今中外。卢仝的“七碗茶”诗，为感谢诗友孟谏议而作，题为《走笔谢孟谏议寄新茶》，内容虽然不及陆羽《茶经》那样博大精深，但影响力同样很大。

甘露月，晓风寒。唐文宗太和九年（835年）的中秋之夜，宰相李训与凤翔节度使郑注、王涯等进士集团，经过秘密策划，约以仇士良为首的大宦官们，到大明宫左金吾卫石榴树下去观赏夜降甘露，以便乘机铲除宦官集团。不料事先埋伏的甲兵暴露，反而被以仇士良为首的宦官集团带领禁兵追杀，李训、王涯、舒元舆、郑注等朝廷大臣被当场杀害，株连而死者多达千余人。诗人卢仝当晚醉酒品茶后夜宿王涯的官邸，半夜被宦官集团的禁兵抓获，惨遭杀害。这就是震惊朝野的“甘露之变”。

七碗茶的功效本可以气吞甘露之月，卢仝的两腋生风也可以戏舞红裙；可“茶仙”卢仝却含冤而死，成了千古冤魂。冤哉，卢仝！善哉，七碗茶！

卢仝诗韵尚古文
奇崛险寒乱林云
七碗茶吞甘露月
清风两腋戏红裙
卢仝号玉川子其诗尚古文日月之家深得韩愈赞许 其人命运悲惨死于甘露之变而为朋党之争牺牲品 然而卢仝乃是茶人典范茶诗大家 以七碗茶诗名扬古今中外其中国茶文化史之地位堪与茶圣陆羽比肩 品茶 一碗喉吻润两碗破孤闷三碗搜枯肠唯有文字五千卷四碗发轻汗平生不平事尽向毛孔散五碗肌骨清六碗通仙灵七碗吃不得也 惟觉两腋习习清风生之乐卢仝两腋生风饮茶之境卢仝乘风归仙 此乃茶仙卢仝七碗茶也
石竹山人 蔡镇楚题

40 白茶仙子

福鼎白茶白牡丹，千年幽梦百花残。
天然蜜韵毫香味，仙雾海风抹玉兰。

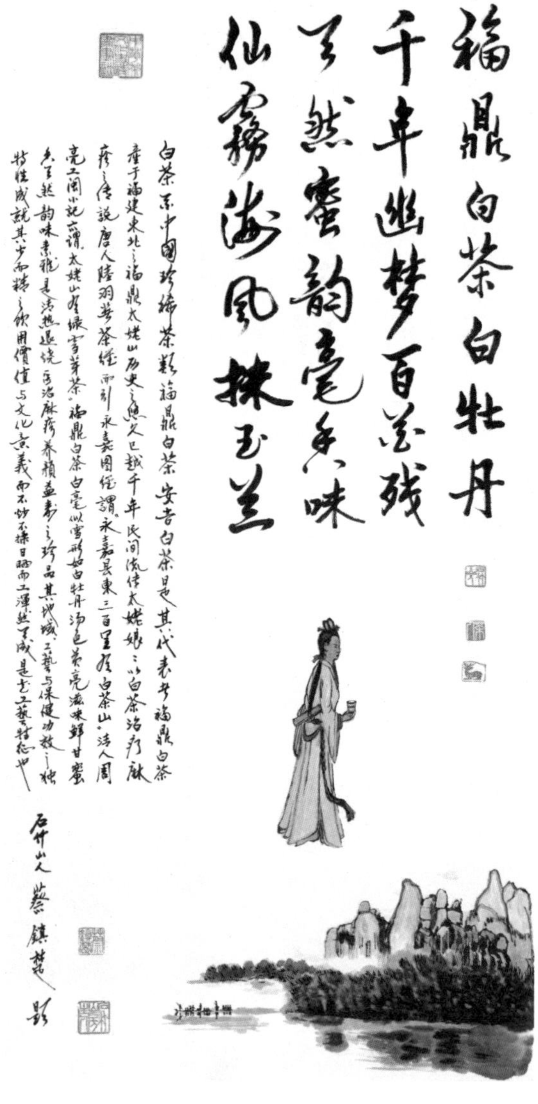
福鼎白茶白牡丹
千年幽梦百花残
天然蜜韵毫香味
仙雾海风抹玉兰
石竹山人蔡镇楚题

此诗书画图写“白茶仙子”，运用写景叙事与人物特写相结合的艺术手法，以太姥娘娘的历史传说为题材，画面以美丽善良的太姥娘娘为中心，以福建的太姥山风光为背景，突出以福鼎白茶为代表的中国白茶的历史文化底蕴，赞颂白茶之美如同太姥娘娘。

白茶，系中国的珍稀茶类，如同白雪绿芽，白衣天使，熠熠生辉。历史上的中国白茶，以福鼎白茶、政和白茶为代表。福鼎白茶产于福建东北海岸的福鼎太姥山，历史之悠久，如同千年幽梦，是海风仙雾沐浴而成的灵芽仙草。陆羽《茶经》而引《永嘉图经》云：“永嘉县东（应是‘南’）三百里，有白茶山。”明末清初周亮工《闽小记》亦谓“太姥山有绿雪芽茶”。

宋人王象之《舆地纪胜》卷一百二十八引王烈《蟠桃记》记载：太姥，即天姥，亦谓尧帝之母。尧帝巡视天下，太姥寻子四方，来到海上仙都太姥山，以蓝染为业，行善好施，人称蓝姑。山有白茶，名叫“绿雪芽”。时有小儿得麻疹者，太姥煮茶为之治疗。后太姥得九转丹砂法，乘九色龙而登仙。汉武帝派遣大臣东方朔授封天下名山，名曰太姥山，凡有三十六奇。

福鼎白茶的制作工艺，承袭中国茶叶最原始的“萎凋”方法：不揉不炒，自然晾青。茶学家认为，此法之用至少有四千年之久，比绿茶炒青法诞生要早两千年以上，是中国最古老的晒茶工艺，与神农制草药同源。

由此而言，太姥娘娘以太姥山绿雪芽为小儿治疗麻疹，可谓“中国白茶之母”。

41 | 唐才子茶诗

悠悠茗韵结诗缘，元白茶诗数万言。
灵草经天纬地律，文人啸月醉红颜。

元稹与白居易属于写实讽喻诗派，并称为“元白”。“元白”于茶诗，贡献很大：元稹率先以宝塔诗形式咏茶，开创一字至七字宝塔茶诗之先河[1]；白居易茶诗甚多，自诩为爱茶人。

唐才子，是诗人，也是茶人。此幅诗书画图写“唐才子茶诗”，运用意象化的手法，以元稹、白居易所钟爱的洛阳牡丹为意象，以元白品茶赋诗唱和为题材，描写两位茶客诗友之间的生活情趣。

纵观唐才子茶诗，以其审美特征而言，大致有四：一是唐才子爱酒亦爱茶，每每品茶赋诗，饮酒赋诗，使唐诗散发出酒香与茶香；二是唐朝茶诗体裁多样化，有歌行、古风、律诗、绝句、联句、宝塔诗、独木桥体、建除体、组诗等，如百花齐放；三是唐人品茶赋诗颇多创意，以灵芽、灵草、灵叶、雀舌、瑞草英等灵妙之词比喻茶叶；四是唐才子与诗僧结缘，使茶诗蕴涵着茶禅一味的奇妙境界。

---

[1] 宝塔诗，以其一字至七字逐层递加而得名。唐人《一字至七字诗·茶》，一般以为元稹所作（参见陈彬藩主编《中国茶文化经典》，文化艺术出版社 1995 年精装本）。2020 年 3 月 16 日“多聊茶”微信公众号“这首茶诗很有名，但我们的误读太深，连作者都搞错了”一文，认为作者定为元稹，是误传宋人计有功《唐诗纪事》所述，《元氏长庆集》未见。究竟是谁？“已成千古谜团”，应“是一个知茶、懂茶、爱茶之人”。特此存录，谢谢微信作者。

悠悠茗韵结诗缘
元白茶诗数万言
灵草经天纬地律
文人啸月醉红颜
茶与诗结缘是茶之大幸，亦则诗之大幸也。茶诗乃茶之韵，亦之律也。元稹与白居易是唐诗属于写实讽谕诗派，并称为元白。元白于茶诗贡献很大。元稹率先以宝塔诗形式咏茶，开创一字至七字宝塔茶诗之先河。白居易是爱茶人，写过很多茶诗，自诩是爱茶人，与其他唐才子们一样，爱酒不嫌茶。
唐人茶诗以其审美特征而言，大致有四：一则唐才子们爱酒亦爱茶，每每品茶赋诗，于是茶诗遂为唐诗之奇葩，使一代唐诗散发着酒香茶香；二则唐人茶诗体裁多样化，有歌行体、律诗、绝句、联句、宝塔诗、组诗等等，有如百花齐放；三则唐才子们品茶咏茶颇多创意，以灵芽、灵叶、灵草、瑞草、英、雀舌等喻茶叶，并首创茶道一词；四则唐才子与诗僧结缘，茶诗蕴涵茶禅境界。
石竹山人 蔡镇楚题

42 浮梁茶市

浮梁茶市大开张，盛世茗香数大唐。
一曲琵琶伤白傅，浔阳商妇吐衷肠。

此幅诗书画图之“浮梁茶市”，运用历史写实与夸张相结合的艺术手法，以白居易与茶商之妻琵琶女的相遇以及白居易的《琵琶行》为题材，侧面反映浮梁茶市的繁荣盛况。

唐元和十年（815年）六月，时任宰相的武元衡，因主持平定藩镇叛乱，遭到李师道的刺杀，结果御史中丞裴度被刺伤。白居易当时是左赞善大夫（相当于御史大夫），上书请急速抓捕叛贼，却遭到对方谗毁，被贬斥为江州司马。次年秋天，他送友人到九江渡口，夜半听到舟中传来琵琶，闻其声，好像有京都流行的声调。问其何人，原来是长安歌伎，曾经师从魏、曹二位大师，因年长色衰，委身茶商为妻。商人重利轻别离，前月浮梁买茶去，琵琶妇孤孤单单，形影相吊，夜半在舟中弹琵琶，聊以自叹释怀。白居易听之，叹之，感触万千，顿生“同是天涯沦落人，相逢何必曾相识”的感叹，写《琵琶行》长诗，赠与商妇琵琶女。

这首诗与韩愈的《听颖师弹琴》、李贺的《李凭箜篌引》，并称为唐朝三大音乐诗。白居易的《琵琶行》，除了将琵琶声之美描写得淋漓尽致，一句“商人重利轻别离，前月浮梁买茶去”，刻画了浮梁茶商的卖茶生活以及舟中商妇以月色下的琵琶诉说的情感世界。

浮梁茶市大開張
盛世茗香數大唐
一曲琵琶傷白傅
潯陽商婦吐衷腸

中唐的浮梁是全國著名茶市，市場規模之大遠遠超過西汉成都之武阳茶市。元和十年白居易被贬為江州司馬，次年秋送客至江口，半夜闻京都琵琶之声。琵琶女原是茶商之妻，商人重利轻别离，前月浮梁买茶去，琵琶妇月夜弹琴以释怀。白居易听之叹之，顿生同是天涯沦落人之感，則寫《琵琶引》长句贈与商妇琵琶女。此乃唐代最負盛名的长篇音乐诗。白居易晚年以太子宾客及太子太傅分司东都洛阳，与元稹品茶唱和，开创元和体。人称之為白傅。其詩遠播海东，於"白傅名重鸡林"之誉。

石竹山人蔡镇楚题

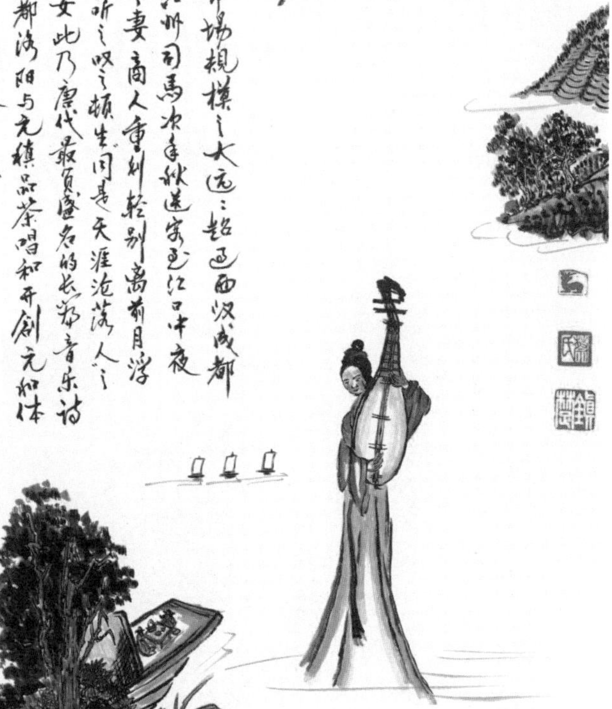

43 茶艺女为宰相昭雪

朝中权贵悖窦参，陆贽翰林正少年。
舞袖翩翩茶艺女，替人申冤对君前。

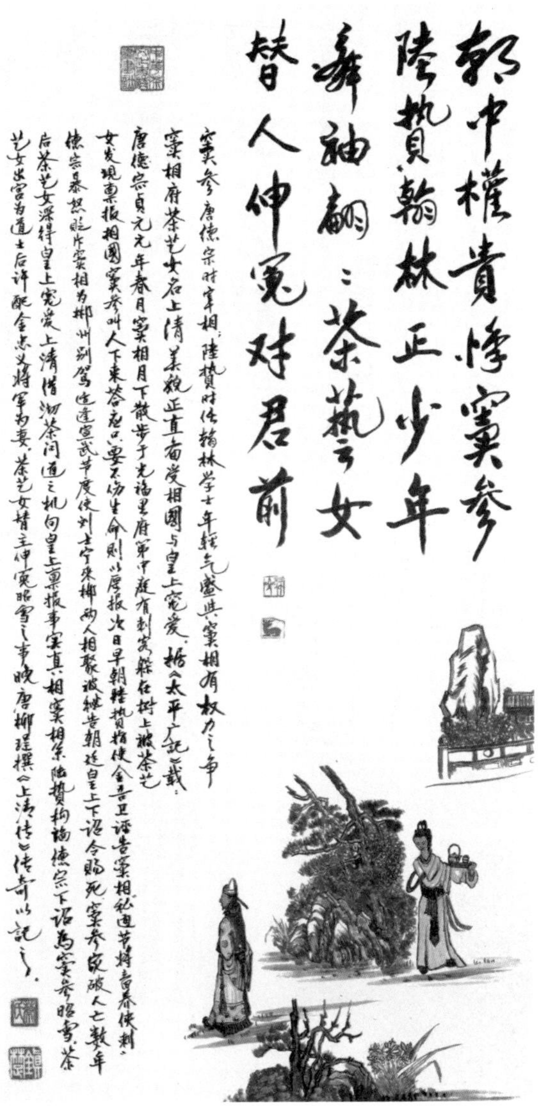

此幅诗书画图之“茶艺女上清为宰相平反昭雪”，运用写实与意象化相结合的手法，以茶艺女上清为宰相窦参送茶为主体，以月夜中的宰相府第为背景，描写上清为窦参申冤昭雪的故事，突出上清的善良、机智、勇敢和公正无私的品格。

陆贽，字敬舆，嘉兴人，十八岁登第，德宗时为翰林学士，与丞相窦参有矛盾。据《太平广记》卷二百七十五记载：唐德宗贞元年间春月，丞相窦参月夜闲步于中庭。有茶艺女上清前来送茶，发现树上有人，借机把丞相大人请进厅堂说：“树上有人。我怕惊扰丞相，所以请您回避一下。”窦参说：“大事不妙，陆贽一直想夺我相位，今有人在树上，一定是陆贽指派来的，我大祸将至了。这件事奏报与否，都是祸害。”窦参交代上清后，又回到庭院，喊道：“树上君子，你一定是陆贽指使来的。若能成全老夫性命，我一定厚报。”树上人应声而下，谎称“自家有大丧事，贫穷不济丧礼。得知相国大人仁慈好施，才深夜来犯。相国不予责罚，我算是三生有幸了”。窦参信以为真，即以皇上赠送的千匹绸缎给他。次日上朝，陆贽指使金吾卫告发窦参“私通节将，蓄养侠刺”。窦参有口难辩，德宗怒斥他：“你身为相国，交通节将，蓄养侠刺，位崇台鼎，意欲何为？”窦参失宠，被贬为郴州别驾。此时，宣武节度使刘士宁来郴州，窦参与其接近，被人密报朝廷。德宗以其“交通节将，信而有征”为由，赐窦参自尽。窦参家破人亡，没收家产和奴婢。

数年后，茶艺女上清备受德宗宠幸。一天，上清正为德宗沏茶。德宗询问上清：“宫中人手不少，你也长大，以后有何打算？”上清拜在地上，将窦参被陆贽构陷的冤案，详细禀告皇帝，“都是陆贽陷害，致使人所为”。德宗得知详情，立即下诏，为窦参平反昭雪，茶艺女上清也被特赦为女道士，而后许配金忠义将军为妻。

44 | 薛涛佐酒敬茶

巴蜀蒙山云雾茶，华阳杜宇丝柳斜。
望江楼上芭蕉月，翠袖飞香问霓霞。[1]

此幅诗书画图之“薛涛佐酒敬茶”，运用人物写实的典型艺术化手法，以才女薛涛为中心，以“望江楼”为背景，描写薛涛为御史大夫元稹佐酒敬茶的故事，突出女诗人薛涛的人格之美。

巴蜀乃天府之国，山清水秀，自古茶香盈袖。巴蜀茶，始于先秦，盛于隋唐。唐人注重蜀茶，以蜀茶为上品。薛涛，中唐著名女诗人，美貌绝伦，才华横溢，琴棋书画样样精通。她寓居成都，曾与大诗人元稹相知相悦。相传元稹担任监察御史后，出巡成都。地方官吏以香茶佳酿美女接待朝廷大员。元稹万万没想到，敬茶佐酒的绝代佳人竟然是昔日红颜知己薛涛。翠袖飘香，让身为监察御史的元稹惊愕不已、百感交集。回眸望江楼上的芭蕉月，历历如在目前，如今却沦落风尘；想询问那飞逝的霓虹彩霞，竟无言以对。

[1] 华阳：东晋常璩撰《华阳国志》，为中国古代西南地区的地方志著作。杜宇：古代传说中的蜀国国王，周朝末年在蜀地称帝，号曰望帝，后归隐山林，传位于蜀相开明。时适二月，子鹃鸟鸣，蜀人以为望帝化鸟，甚为怀念，称呼子鹃为杜鹃。望江楼：在成都锦江南岸，靠近薛涛井边，为纪念唐朝女诗人薛涛而建。翠袖飞香：指薛涛当时为公差成都的监察御史元稹佐酒敬茶。

巴蜀蒙山云雾茶

茶阳杜宇然栖斜

望江楼上芭蕉月

翠袖香云问灵霞

巴蜀地区谓之益州之国山青水秀磨崖爽峰自古茶兴之地袖也蜀茶始于秦盛于李唐唐人注云蜀茶以蜀茶为上品蜀茶千年中茶茶史一是产茶为史悠久茶初名大多出自巴蜀方言怪语二是成都武阳为中国最早茶市三是华先实旋茶马互易四是蒙顶山人采择真最炎推引茶栽移植成功被尊为茶树之祖师也独云茶史锦绣一连串蜀茶之功疏的史册

石竹山人 蔡镇楚 书

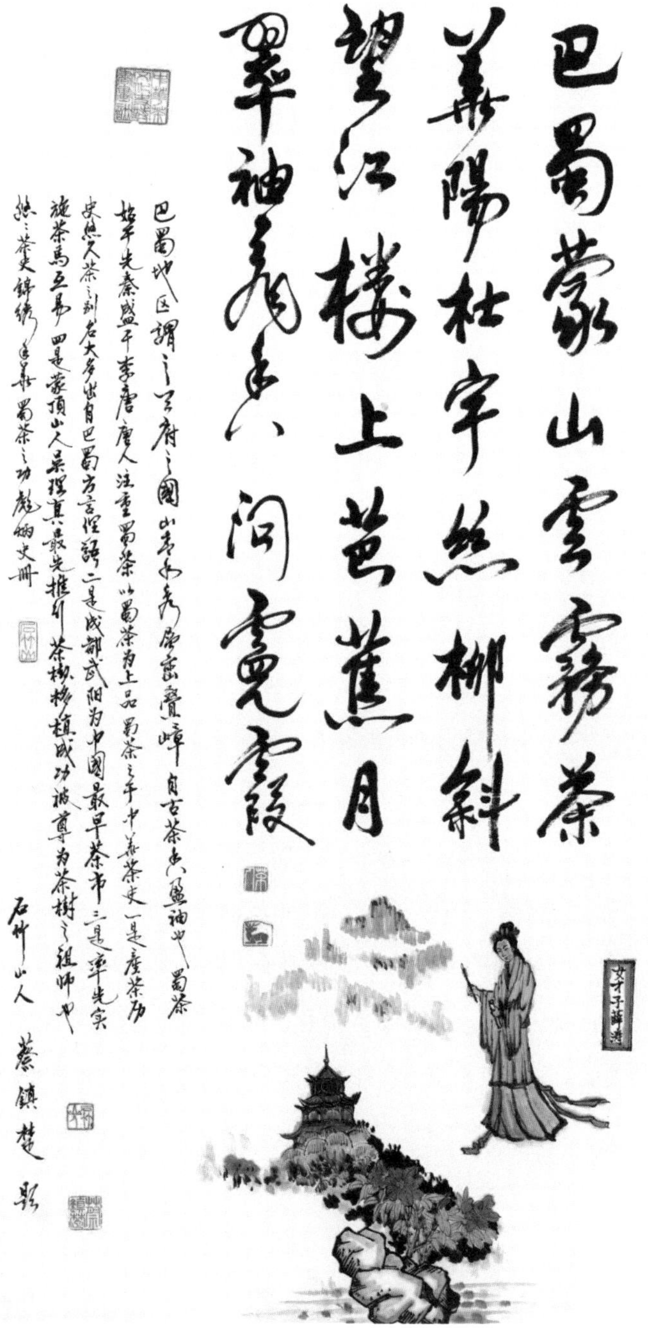

45 天下第一泉水

鄱阳云雾绕匡庐，双井浮梁万象苏。
借得谷帘天下水，豫章茶韵醉香炉。

此幅诗书画图写庐山康王谷帘泉水，运用写实与意象化相结合的艺术手法描绘帘泉水的远景与气势，以茶亭与青松、芭蕉的层次感为衬托，突出“天下第一泉水”的美丽多姿。

水是茶之母，好茶须好水。位于青山绿水之中的中国茶区，以万里长江为纽带，到处有好水，滋润着长江流域的万里茶山。庐山谷帘泉水，被茶圣陆羽奉为“天下第一泉水”。

豫章，今江西省。豫章茶闻名于唐宋，有白居易《琵琶行》“前月浮梁买茶去”为证。豫章茶之美者有五：一曰历史名茶有双井茶，黄庭坚甚赞之，且赠送给恩师苏轼品尝之；二曰名泉名水，其庐山谷帘泉被陆羽《茶经》、张又新《煎茶水记》标举为“天下第一泉水”，上饶的陆羽泉也被后人誉为“天下第五泉”；三曰历史名人咏茶者多，如欧阳修、晏殊、黄庭坚、杨万里、文天祥、汤显祖等文人所作的茶诗、词；四曰茶器茶具之美，以景德镇茶具为最，是中国茶器的佼佼者之一；五曰儒、道、释三教茶道仪轨之美，白鹿洞书院茶道、三清山道教茶道、仰山沩仰宗茶道……古往今来，相映成趣，装点着江西的美丽茶乡。特别是“横看成岭侧成峰，远近高低各不同”的庐山，是江南茶区一座名山，云雾舒卷，水帘飞溅，茶园飘香，游人如织，如同天上的街市，美丽而繁华，宁静而幽雅，茶园中飘散着云岚，茶亭上散发着清香。

鄱陽雲霧繞匡廬
双井浮梁黄象蘇
借問谷簾天下水豫
章茶韻醉來饒

豫章古地名江西省之别称也 豫章茶闻名于唐宋有
白居易琵琶行诗句"商人重利轻别离 前月浮梁买茶去"
为证 豫章茶之美者有五 一曰历史名茶有双井茶等黄庭坚诗赞之且曾选于
恩师贡赋品尝之也 二曰名水 其庐山谷帘泉被陆羽茶经张又新煎茶水记标举为天
下第一泉 永陆羽泉被后人誉为天下第五泉 三曰历史名人咏茶者多如欧阳修晏殊黄庭坚
杨万里汤显祖等茶诗词名家辈出 四曰茶器茶具之美以景德镇茶具为最 五曰儒道佛三教
茶道仪轨之美 白鹿洞书院茶道 三清山道教茶道 仰山沩仰宗禅宗茶道 相互辉映 此其趣也

石竹山人题

46 | 会昌法难

天下名山僧侣多，唐朝佛教命若何？
会昌法难千秋事，废释安能砸茗锅？

此幅诗书画图，描写中国佛教史上著名的会昌法难事件，运用自然意象化的艺术手法，以莲花为意象，描写唐武宗下令灭佛的历史故事，突出废教不废茶的历史。

隋唐佛学繁盛，僧侣权势泛滥，传统儒学受到严重挑战，皇帝每动用朝廷之力，去迎奉佛骨舍利，都搞得声势浩大，劳民伤才。唐宪宗元和十四年（819年）正月，刑部侍郎韩愈恪守儒学，向皇帝呈《谏迎佛骨表》，反被贬为潮州刺史，改迁袁州。在被贬谪途中韩愈写《左迁至蓝关示侄孙湘》："一封朝奏九重天，夕贬潮阳路八千。欲为圣明除弊事，肯将衰朽惜残年。"会昌五年（845年），为兴儒学，打压佛教的气焰，唐武宗下诏灭佛，捣毁佛教寺院、招提、兰若多达4.46万余所，勒令僧侣、尼姑26万余众还俗，遣返寺院奴婢15万余人。此乃震惊中外的"会昌法难"。唯有原宰相裴度在湖南，对佛教寺院采取保护措施，湖南的少许寺院免遭大难。

然而，废教不废茶，茶与禅宗紧密结合，被会昌法难强行遣散的僧侣禅客，照样以茗锅煮茶，品茗论禅。《丹霞淳禅师语录》卷下记载：一日，二禅客来涌泉禅寺旧址，寻访涌泉欣禅师。欣禅师正在放牛，禅客视而不识，淳禅师骑牛而去。返回时见二禅客在树下煮茶，欣禅师坐而饮之，问二人来做什么。禅客举杯不答，只做这边那边手势。师问何意，二人无言。师曰：莫道骑牛者不好。颂曰："芳草漫漫岂变秋，牧童白牯恣悠游。异中有路人难见，却见骑牛不识牛。"

天下名山僧侣多
唐朝佛教命如何
會昌法难千秋事
废释安能砸茗锅

隋唐佛学繁盛，僧侣权势泛滥，面临一场灭顶之灾。会昌五年，唐武宗下诏灭佛，一时间，全国捣毁寺院、招提、兰若多达四万四千六百余所，勒令还俗僧侣尼姑二十六万余众，遣返寺院奴婢十五万余人，此乃惊震中外的会昌法难也。然而，废教不废茶，被遣散之僧徒照样品茗论禅。一日，二禅客来到涌泉禅院故地寻访，涌泉欣禅师欣正放牛，禅客都视而不识。淳骑牛而去，返回时见二禅客在树下煮茗，欣师坐而饮之，问二人来做么生。禅客举杯不答。师问这边那边何意，二人无对。师曰：莫道骑牛者不好。颂曰：芳草漫漫色变秋，牧童白牯恣优游。其中有路人难见，却见骑牛不识牛。见丹霞淳禅师语录卷下

石竹山人题

47 | 杜牧监茶扬州梦

秦淮风月尽飞花，商女茶船绕碧纱。
杜牧监修贡焙日，维扬美袂拂红霞。

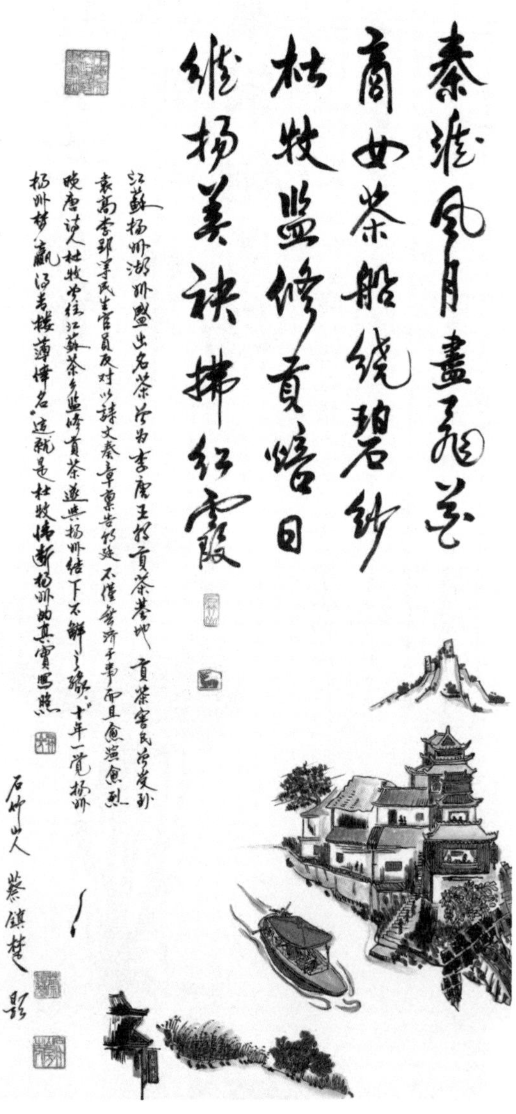

此幅诗书画图写杜牧监修贡茶，运用写实与勾勒的艺术手法，以运送贡茶的官船为中心，以扬州风光为背景，揭示了榷茶与贡茶，都是封建制度下茶叶税收制度的产物。

榷茶是古代官府对茶叶实施征税、管制、专卖的制度。榷茶制度，始于中唐建中三年（782年）九月，唐德宗根据户部侍郎赵赞的建议，对茶叶实行榷禁专卖制度，向茶农茶商征收茶税，初税茶实行十一税制，即10%税率，茶税充常平本钱，开创了中国历史上榷茶、茶税之先河。随即政府实施茶政，制定茶业经济的政策法规，有茶制、茶法、税茶、榷茶、贡茶、茶马、水磨茶等。这些政策法规的出台，说明中国茶业经济到中唐时代已经得到重大发展。

榷茶制度税率太高，对茶业经济来说无异于杀鸡取卵，很快被取消。唐贞元九年（793年）大水灾，官府财政困难，唐德宗在茶区和茶商关津要地恢复征收茶税，税率仍为10%，当年全国茶税额达40万贯，次年达50万贯。长庆元年（821年）五月，茶税上浮到15%，遭众大臣反对，未能实施。甘露之变后，宰相兼榷茶使王涯和茶仙卢仝被宦官集团杀害，李石担任宰相，茶税归于盐铁，立即恢复茶叶十一税制。大中六年（852年）正月，裴休在潭州湖南节度使任上，向朝廷奏立“茶税十二法”，以规范茶税，禁止私贩。茶税十二法是中国历史上最严酷的榷茶法，虽然扭转了唐茶私贩公行、茶税流失的局面，推行茶园茶户制茶、官府收购、茶商运销，促进茶业发展，创茶税80万贯的历史纪录，但是茶区茶农与茶商们被官府盘剥，都苦不堪言，以致北宋时期引发茶商军起义。

自从中唐德宗朝实施榷茶制度后，每当春茶开园之际，朝廷指派监茶官员，坐镇各地茶乡，监收茶税。晚唐著名诗人杜牧，曾被派往江苏茶乡监修贡茶与茶税，遂与扬州、湖州结下不解之缘。“十年一觉扬州梦，赢得青楼薄幸名”，这就是杜牧情断扬州的真实写照。当年杜牧在扬州，每夜都出入青楼楚馆，与风尘女子厮混。淮南节度使牛僧孺生怕这位朝廷监茶官员出事，暗中派人保护杜牧的人身安全。仅两个月就收到一百多封报帖，上面写着几行字：“某夜，杜书记在某某家。平安。”

48 | 茶酒争锋

酒为欢伯醉江乡，茶似佳人舞霓裳。
茗酒皆依甘露水，化缘天地作琼浆。[1]

此幅诗书画图之“茶酒争锋”，运用意象化的艺术手法，描写晚唐五代的茶酒争锋的故事，颇具哲理性。

茶与酒，都离不开水，与水结下不解之缘。茶与酒，一旦离开水，茶叶只是一片片干枯的树叶，酒也只能是一堆五谷麦粝。

晚唐五代时期的王敷撰写《茶酒论》一卷，以敦煌变文体式，采用茶、酒、水三者对话形式，描写茶酒争锋，各自表述其本质特征和实用功能，争论不休。而水听之，思之，忍之，不得已最后站出来说话，展示水为生命之源、滋育万物之功。茶酒争锋，各不相让，唯有水胜。争论的结果是：“人生四大：地水火风。茶不得水，作何相貌？酒不得水，作何形容？米曲干啜，损人肠胃；茶片干啜，只粝破喉咙。万物须水，五谷之宗。”

酒与茶，是一对孪生的龙凤胎：酒为欢伯，茶是美女；一男子，一佳人；一阳刚之美，一阴柔之美。又如一根藤上的两个瓜，皆以藤蔓为根蒂，以水为生命之源。故茶酒之争，可以休矣。

[1] 酒为欢伯：酒是供人们欢乐愉快之物。见《焦氏易林》“坎之兑”：“酒为欢伯，除忧来乐。”

酒为欢伯辞江乡
茶似佳人舞霓裳
若酒皆依甘露味
化缘天地作琼浆

唐五代时茶酒争锋各不相让 开宝三年王敷撰茶酒论一卷以敦煌变文体式采用茶酒各一方对话形式讲述各自的本质特征与实用功效展示水为生命之源滋育万物之功 结论是：人生四大：地水火风 茶不得水作何相貌 酒不得水作何形容 米曲干吃损人肠胃 茶片干吃只粝破喉咙 万物须水 五谷之宗

石竹山人 蔡镇楚题

酒与茶乃是一对孪生兄妹 一阳刚一阴柔 又如一根藤上的两个瓜 皆以藤蔓为根蒂 以水为生命之源 故茶酒之争 可以休矣

49 | 皮陆咏茶组诗

皮陆组诗咏叶嘉，文人骚客醉飞霞。
悠悠茗史千秋月，翠绿灵芽惠万家。

此幅诗书画图之“皮陆咏茶组诗”，运用写实的笔法，以皮日休与陆龟蒙两位诗人为中心，描写皮、陆彼此唱和，展示咏茶组诗挂轴的情景，以突出皮、陆两位诗人对茶诗与茶文化的突出贡献。

组诗源于《诗三百》，是以一组诗歌来表达同一题材内容的艺术形式。其中每一首诗可以独立成篇，连缀在一起则成为一个有机的整体，以扩大诗歌本身的语言容量与审美功能。中国的组诗，肇始于《诗经》《楚辞》，后发展迅速；而以组诗吟咏茶事者，始于晚唐诗人皮日休与陆龟蒙。两人皆以诗名，皆嗜茶，并称为“皮陆”。

皮日休嗜茶，因作《茶中杂咏并序》十首，而后其诗友与茶友陆龟蒙奉和之，又作《奉和袭美茶具十咏》十首。此乃中国第一篇吟茶组诗，两组茶诗分别描写江南茶坞、茶人、茶笋、茶籝、茶舍、茶灶、茶焙、鼎、茶瓯、煮茶，或直叙、或描绘、或比喻、或夸张，诗虽写得一般，但林林总总，繁复多样，目不暇接，淋漓尽致，而且皆有序言。皮子简述先唐饮茶历史，陆子驳斥茶为“圣人纯用”之论，充分肯定陆羽《茶经》的历史地位及其在中国茶文化史上的卓越贡献。可以说，茶之吟咏者，以皮陆咏茶事五言组诗为最，如同壁翠金刀，是唐代茶事实景的诗化，为唐代茶诗的集大成者。

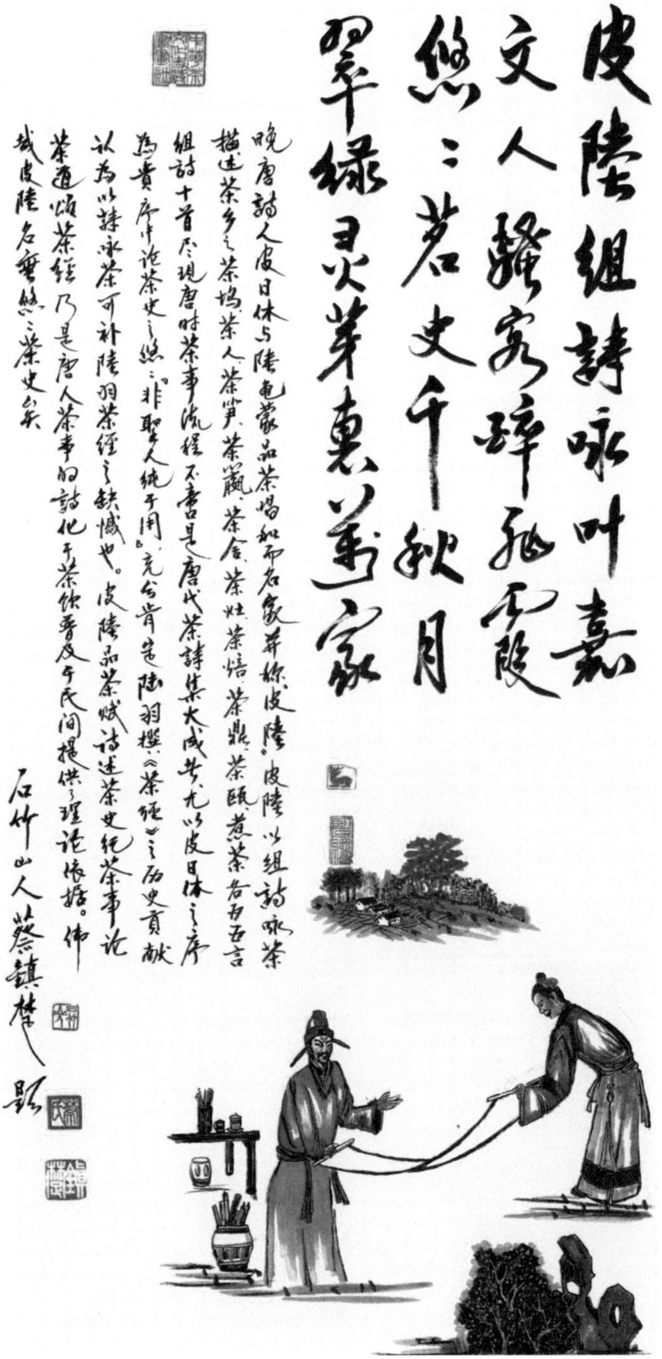
皮陆组诗咏叶嘉
文人骚客辞孤霞
悠悠茗史千秋月
翠绿灵芽惠万家
晚唐诗人皮日休与陆龟蒙品茶唱和而名家并称皮陆。皮陆以组诗咏茶
描述茶乡之茶坞、茶人、茶笋、茶籝、茶舍、茶灶、茶焙、茶鼎、茶瓯、煮茶各为五言
组诗十首尽现唐时茶事流程，不啻是唐代茶诗集大成者，尤以皮日休之序
为贵，序中论茶史之悠悠，非圣人纯于用，充分肯定陆羽撰《茶经》之历史贡献
认为以诗咏茶可补陆羽茶经之缺憾也。皮陆品茶赋诗述茶史纪茶事论
茶道顺茶经乃是唐人茶事的诗化，于茶饮普及于民间提供了理论依据。伟
哉皮陆名垂悠悠之茶史矣
石竹山人蔡镇楚题

50 茶商柴荣称帝

晚唐五代玉川风，茶贩柴荣南北通。
乱世贩茶崎岖路，后周崛起灵芽中。

茶商、茶贩，是中国茶叶流通的生力军。此幅诗书画图写茶商柴荣，重在写实，虚实结合，以茶商柴荣为中心，以柴军行旅为背景，集中描写茶商柴荣弃商从武，成为后周皇帝的故事，突出茶商柴荣的幸运人生。

晚唐五代，中国茶叶进入商业流通领域，江南江北茶乡活跃着万千支茶商队伍。五代后周皇帝柴荣就是茶商队伍之中的达人。柴荣，河北邢台人，早年以贩茶为生，后成为后周太祖郭威的养子，善骑射，通史书，为人正直忠实。显德元年（954年），继承养父郭威而接位称帝，为后周世宗，成为中国历史上唯一一个以茶商身份登上皇位的皇帝。

他在帝位仅仅六年，结束乱世，革除弊政，整治军事，发展经济，颇多政绩，中正平和，在五代十国之中是一位有作为、敢担当、军政显赫的平民皇帝、茶商国君，是中国历代封建王朝总共494个帝王（起于秦始皇，终于清朝末代皇帝溥仪；其中有73人死后被追封为王）中的"模范"。"无偏无党，王道荡荡"，司马光曾赞扬他"以信令御群臣，以正义责诸国"，开中国历史之先河。可以说在五代十国里，后周皇帝柴荣崛起于灵芽之中[1]。故余为之铭曰："乱世贩茶，崛起灵芽；后周柴荣，天下茗家。"

---

[1] 参见天下有警2022年6月22日微信文章"历史上唯一没有污点的皇帝，千年来无一恶评，史学家都对他称赞不已"。

晚唐五代玉川風
茶販柴榮南北通
亂世販茶崎嶇路
後周崛起靈芽中

茶商茶販乃是中國茶業流通中的生力軍 唐宋時期 江南江北茶鄉活躍著萬千支茶商達人 後周皇帝柴榮曾是茶商 他是河北邢台人 以販茶為生 後成為后周太祖郭威之養子 善騎射 通史書 顯德元年繼郭威稱帝 整治軍事政治經濟 頗多政績 在五代十國之中是作為顯赫的平民帝君 茶販國王 開中國歷史之先例 銘曰：
亂世販茶 崛起靈芽 後周柴榮 天下茗家

石竹山人 蔡鎮楚 題

51 | 茶百戏

茶艺悠悠作画屏，前人变幻水丹青。
原来百戏三昧手，即使鸿渐也难成。

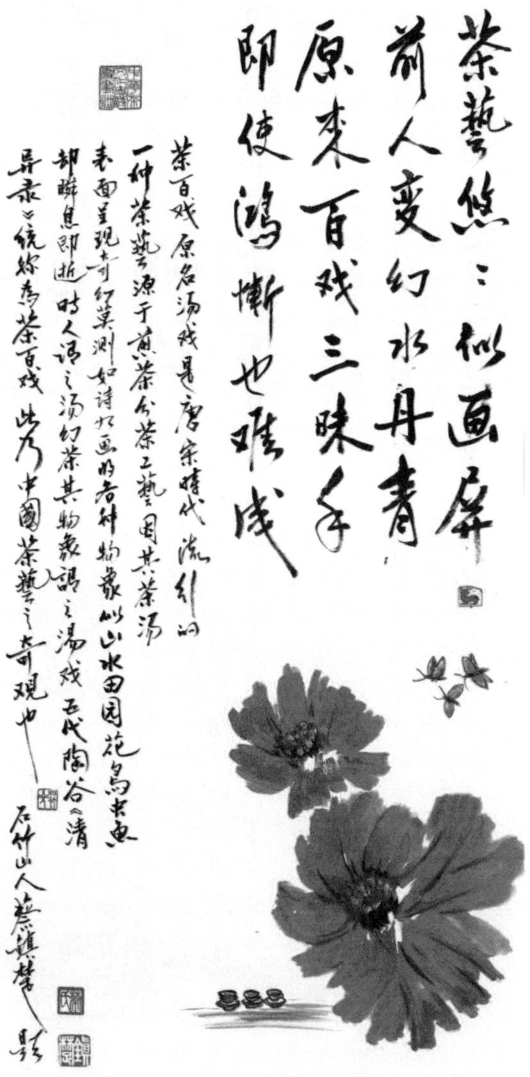

此幅茶诗书画写茶百戏，运用意象化手法，描写晚唐五代茶百戏的变幻莫测。水丹青，就是茶汤表层所显示的各种物象，即茶百戏。花样百出，变幻莫测，是茶匠通神之艺，连煎茶高手陆羽也未能做到。

茶百戏，原名汤戏，是一种流行于唐宋的茶艺，起源于唐宋煎茶、点茶、分茶工艺。因其茶汤倾入茶盏之时，茶汤表面形成一种奇幻莫测、如诗如画的物象，似山水田园，似自然景观，似人生百态，可观、可赏，瞬息即逝。这种茶汤最初谓之汤幻茶，而其物象谓之汤戏。

汤戏是茶汤的表面物象艺术。依照时序，最先见于《全唐诗外编》下册的晚唐诗僧福全的《汤戏》诗。作者在字题下自注“汤幻茶”，又有诗序说：“馔茶而幻出物象于汤面者，茶匠通神之艺也。沙门福全生于金乡，长于茶海，能注汤幻茶成一句诗，并点四瓯，共一绝句，泛乎汤表。小小物类，唾手办耳。檀越（犹言‘施主’）日造门求观汤戏。（福）全自咏曰：生成盏里水丹青，巧画工夫学不成。却笑当时陆鸿渐，煎茶赢得好名声。”由此可见，茶百戏是以茶汤绘制而成一种自然物象，一种水丹青艺术，盛行于晚唐五代，至于宋代而鼎盛，是宋代茶美学的重要载体与传播媒介之一。

但“茶百戏”之名，出自晚唐五代陶谷的《清异录》。陶谷为五代翰林学士，入宋即历任礼部、刑部、户部尚书。他嗜茶如命，曾得到党进一美姬，命其以雪水烹茶。问道：“党家有此风味吗？”美姬回答：“他是粗人，只知销金帐下，浅酌低唱，饮羊羔酒而已。”她意在讽刺陶谷，比起党家的奢华生活，她认为雪水煮茶虽然风雅，却过于寒酸。陶谷听罢，默然不语。他著录的《清异录·茶百戏》曰：“近世有下汤运匕，别施妙诀，使汤纹水脉成物象者，禽兽虫鱼花草之属，纤巧如画，但须臾即就散灭。此茶之变也，时人谓之茶百戏。”

52 五岳唯南岳衡山产茶

神州五岳天枢分，南岳香风挹翠裙。
云雾含馨八百里，芷兰玉树从湘军。

此幅诗书画图，描写中国五岳唯有南岳产茶，运用描写与意象化的艺术手法，画面以南岳大庙前的古柏树为主体，以宋徽宗御笔题写的“寿岳”二字摩崖石刻和南岳衡山茶园的层峦叠嶂为意象背景，突出南岳产茶的历史地位。

南岳衡山，以其独具特色的地理位置与文化底蕴，对应主寿的天文星宿，故有“寿岳”之誉。这里自古产茶，怀让大禅师及其弟子马祖和尚，在此耕地种茶，首开农禅之风，道规茶韵、寺院茗风、民间茶俗，长盛不衰。自禹贡以降，历史名茶有石廪茶、阆林茶、云雾茶、岳北大白、南岳团茶等。南岳茶乡，钟灵毓秀，名家辈出。从周敦颐、胡安国父子到张栻、李东阳与王夫之、彭玉麟、曾国藩等一代湘军，都是南岳衡山茶文化的发扬光大者。

神州五岳写枢兮
南岳兵风摇翠裙
云霉含黛八百里
芷蘭玉枌纵湘軍

天下五岳如天柱支撑其夏如五星之布枢兮，五岳名山唯南岳衡山忽茶多翠羽之风飘逸乃中国代贡云霉茶产区也。南贡衡山名茶肇始于南贡以来至今，民间茶俗亦历史名茶唐代而盛于唐宗以降，道观寺院茗饮长盛不衰茶石唐茶闲珠茶云霉茶北大田南岳贡茶举南岳衡山茶乡种最缺多名家辈出故园振兴到振城李束阳发王夫之曾国藩彭玉麟一代湘軍皆是南岳衡山之子是故湘茶文化之发扬光大步矣——

原竹山人蔡镇楚影

53 | 前丁后蔡

贡茶始自禹皇时，唐宋建州奇异枝。
一蔡一丁钧陶手，太平嘉瑞帝王师。

此幅诗书画图写历代贡茶之辉煌，以宋代贡茶监察官员“前丁后蔡”为代表，描写历代贡茶之辉煌，采用写实与极度夸张的艺术手法，描写茶乡的地方监茶官员快马加鞭护送贡茶进京的情景。

《尚书·禹贡》记录荆州、衡阳等地进贡茶叶、水果、野菜之事。贡茶制度是中国茶产业繁荣发展的一个杠杆，有力地推动了中国茶业和茶文化的繁荣发展，亦扰民害民，加重了茶农的负担。一般而论，贡茶肇始于晚唐，而鼎盛于宋代，故苏轼《荔枝叹》一诗叹息道：“君不见，武夷溪边粟粒芽，前丁后蔡相宠加。争新买宠各出意，今年斗品充官茶。”

武夷山建州贡茶制作的工艺之美，是中华茶美学的精品杰作，极大地推动了中国茶产业的发展，也造就了丁谓、蔡襄两位著名的茶叶专家。前有丁谓，后有蔡襄。丁谓，宋真宗朝担任宰相，封晋国公；蔡襄，字君谟，福建建州人，北宋著名茶学家，著有《茶录》。他们都是贡茶的监制官，以武夷山建州为贡茶基地，出品有万寿龙芽、龙团胜雪、龙凤英华、太平嘉瑞、南山应瑞，以及密云龙等名茶，都系龙团贡茶，小巧精致，富有中国祥瑞文化气息，属于中国历代贡茶的巅峰之作。大文豪欧阳修在《归田录》卷二中说道：“茶之品，莫贵于龙凤，谓之团茶。凡八饼重一斤。庆历中，蔡君谟为福建路转运使，始造小片龙茶亦进。其品绝精，谓之小团。凡二十饼，重一斤，其价值金二两，然金可有而茶不可得。”苏轼也曾说：“大小龙茶，始于丁晋公，而成于（蔡）君谟。”贡茶扰民害民，但也极大地推动中国茶叶产业与中华茶文化的繁荣发展，不可一概否定。

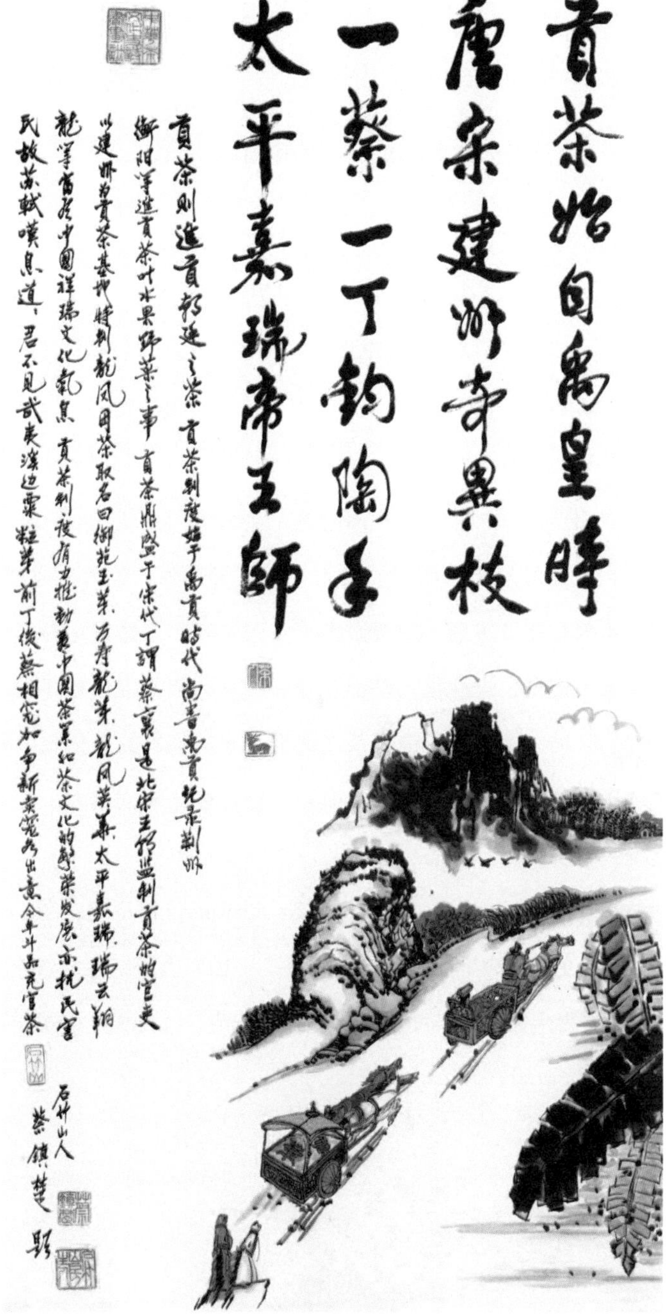
貢茶始自禹皇時
唐宗建州奇異枝
一蔡一丁鈞陶手
太平嘉瑞帝王師
貢茶則進貢朝廷之茶 貢茶制度始于禹貢時代 尚書禹貢記录荊州
衡陽等進貢茶叶水果錦茶之事 貢茶鼎盛于宋代 丁謂蔡襄是北宋主管監制貢茶的官吏
以建州為貢茶基地特制龍凤团茶 取名曰御苑玉芽、万寿龍芽、龍凤英華、太平嘉瑞、瑞云翔
龍等 富有中國祥瑞文化氣息 貢茶制度有力推動義中國茶業和茶文化的繁荣发展 亦扰民害
民 故蘇軾嘆息道 君不見武夷溪边粟粒芽 前丁後蔡相寵加 争新买宠各出意 今年斗品充官茶
石竹山人 蔡鎮楚 題

54 苏轼《叶嘉传》

叶嘉传里写灵芽，苏轼至文笔底花。
瑞草之英人格美，清雅淡泊玉无瑕。

此幅诗书画图之写苏轼的《叶嘉传》，运用自然意象化的艺术手法，以叶家茶坞、茶园、茶韵为中心，写景，写意，描写武夷山茶园的绮丽风光：云雾缭绕之中，山峰、宝塔、茶园、农舍、岩韵，苏轼书写的笔墨纸片飞舞着，以突出苏轼《叶嘉传》的拟人化与人格之美，描写武夷山叶家茶农一生的故事，为武夷山叶家茶立传。

北宋大文豪苏轼以才学坠入北宋党争的夹缝之中，一生坎坷不平。他是茶文化大师，是中国历史上第一位采用拟人化之笔，为武夷山茶叶立传的大学者。苏轼（1037—1101年），号东坡居士，四川眉山人，与其父苏洵、其弟苏辙并称“三苏”。苏轼对中华茶文化的开拓、传播、发展做出了巨大贡献：一是率先为茶叶立传，将茶叶拟人化，把茶事人格化、人性化，赋予茶叶以深厚的文化内涵和旺盛的生命力；二是创作大量茶诗、茶词、茶文，为中华茶文化提供丰富多彩的文化载体和传播媒介；三是首次提出“从来佳茗似佳人”的千古命题，将佳茗比喻成美人；四是品茶悟道，饮茶论道，提出“茶墨俱香”和“茶中三昧”等茶禅观念。

《叶嘉传》是中华茶文化史上一篇千古奇文。叶嘉的传奇身世、命运遭遇，就是茶叶的奇缘，是中华茶文化的命运之神与希望之星。中国人因茶结缘，茶叶因嘉木而生，因水而重生，重新获得生命价值和文化底蕴，志尤淡泊，人皆德之，寄托着古今茶人的人格向往和审美情趣。

葉嘉傳里寫靈芽
蘇軾飛文筆底花
瑞州之美人格美
清雅淡泊玉無瑕

北宋大文豪蘇軾號東坡居士其叶嘉傳之为茶叶立傳將茶事人格化賦予茶叶以旺盛的生命力此乃中國茶文化史上一篇千古奇文 作者筆下叶嘉之傳奇叶嘉之命運就是茶叶的奇緣是茶的身世遭際亦也中華茶文化的命運之神希望之星 中国人與茶結緣 茶叶因嘉木而生因和而重生 志尤淡泊人皆德之寄托茶人的審美情趣与人格向往也

石竹山人 蔡鎮楚 題

55 儋州茗风

居士引来少室风，乌台诗案意象中。
儋州箬笠度时日，虎落平阳问昊穹。

此幅诗书画图之“儋州茗风”，以大文豪苏轼为中心，将苏轼的《墨竹图》与赵孟頫的《苏轼像》合二为一，旁题苏轼《自题金山寺画像》诗句，描写儋州茗风，突出苏轼后半生的坎坷不平的命运及其开发儋州茗风的贡献。

乌台诗案是北宋朝廷炮制的一场文字狱，是北宋党争的产物。元丰二年（1079年）时任湖州太守的苏轼，因反对王安石变法的某些条款，效法中唐隐居少室山的卢仝，以诗歌讽谕朝政，而被御史中丞李定等人深文周纳，以诽谤新政之罪弹劾，轰动朝野的乌台诗案发生，苏轼被打入御史台狱。九十六天的牢狱之灾改变了苏轼的人生命运。保释出狱后，苏轼被一贬再贬，从湖北黄州到广东惠州，最后到海南岛的儋州，历经二十多年的贬谪生涯。直到宋徽宗登基，苏轼遇赦北还，客死于江苏常州。

苏轼临终前曾《自题金山画像》诗云：“心似已灰之木，身如不系之舟。问汝平生功业，黄州惠州儋州。”苏轼久经磨难，却始终不卑不亢、淡定明志、随遇而安、品茶论道、饮酒赋诗、以德立身、以善为先，不失君子人格之美，乃中国文人之典范。

居士引来少室风
乌台诗案意象中
儋州署罢度时日
虎落平阳问昊穹

乌台即御史台 乌台诗案是北宋朝廷炮制而出的一场文字狱 时任湖州太守的苏轼因不满王安石变法中的某些条款 效法中唐隐居少室山的卢仝以诗讽谕朝政 而被御史弹劾轰动朝野的乌台诗案发生 苏轼被打入御史台狱 九十六个日夜的牢狱之灾改变了大文豪的人生命运 出狱后的苏轼被一贬再贬最后充军到海南岛的儋州 犹如虎落平阳 龙搁浅滩 直到宋徽宗即位才遇赦北还 客死于常州 苏轼二十多年的贬谪生涯 淡定清雅随遇而安 品茶论道 饮泛赋诗 以德立身 以善为先 不失君子人格之美 乃是中国文人的楷模之典范也

石竹山人 蔡镇楚 题

苏轼墨竹图

苏轼像·赵孟頫画

·心似已灰之木 身如不系之舟
问汝平生功业 黄州惠州儋州
·苏轼·自题金山画像·

56 楚台风

苏门弟子秦少游，情断长沙水陆洲。
湘女多情梦茗客，楚台风月醉诗俦。

此幅诗书画图写楚台风的故事，运用历史传奇与意向化相结合的艺术手法，以歌女王楚云湘江送别秦观为背景，男女人物、湘江渡船、远山绰约，构成一幅凄美动情的画面，描写宋代词人秦观与长沙歌女相知相缘的悲情故事，揭示“乌台诗案”后苏门弟子备受牵连的贬谪生活，突出“湘女多情”、敢爱敢恨、敢于牺牲的品格。

秦观（1049—1100年），字少游，号淮海居士，江苏高邮人，是宋代诗词大家。他是苏轼弟子，品茗赋诗，以茶叶为嘉木英、瑞草英，精于茶诗茶词。乌台诗案发生后，苏门四学士之一的秦观受到牵连，被贬谪到湖南郴州安置。路经长沙，歌女王楚云（艺名王妙妙）钟爱少游之词，执意生死相许，日夜追随秦学士品茶赋诗。秦观淹留长沙数月，掀起楚台歌舞旋风。受朝廷新旧党争影响，潭州府衙出面干预，秦观被迫前往郴州，而后再贬雷州。几年后，遇赦北上途中，悲喜交集，醉酒后在广西藤州（今藤县）饮井水，猝死于古藤树下。据说，秦观之灵托梦于王楚云，秦观的灵柩沿着湘江而下，送往老家江苏高邮，王楚云日夜等候，路祭秦学士于水陆洲，然后撞死在秦观的灵柩前。

长沙歌女王楚云与秦观演绎的悲情故事，至今感人至深。根据当时水陆洲建设指挥部的意愿，我以北宋党争为背景，以秦观的人生遭遇及其与长沙歌女王楚云的悲剧故事为内容，撰著《楚台风》之电影文学剧本。后指挥部撤销，剧本拍摄不了了之。

蘇门弟子秦少游
情斷長沙水陸洲
湘女多情梦茗客
楼台风月醉诗俦

乌台詩案发生後蘇门四学士之一的大詞人秦观字少游被貶湖南郴州长沙歌女王楚云钟爱少游之词执意與之生死相許 日夜追随秦学士品茗賦詩撷趣楼台歌舞施风发终延新旧两党之争影响秦观再貶雷州几年後遇赦北还途中死于广西藤州 当秦观灵柩沿湘江而下歌女楼台露跪祭于水陆洲随即死于秦观灵柩前根据少游之子与女婿之意秦观灵柩安葬于水陆洲頭 五年後方移至故里高邮 长沙歌女演绎的此段悲情故事至今仍感人至深矣

石竹山人 蔡镇楚题

57 | 灵芽使者

茗为国礼一枝花，辽宋几代上贡茶。
澶渊之盟签约日，灵芽使者奏琵琶。

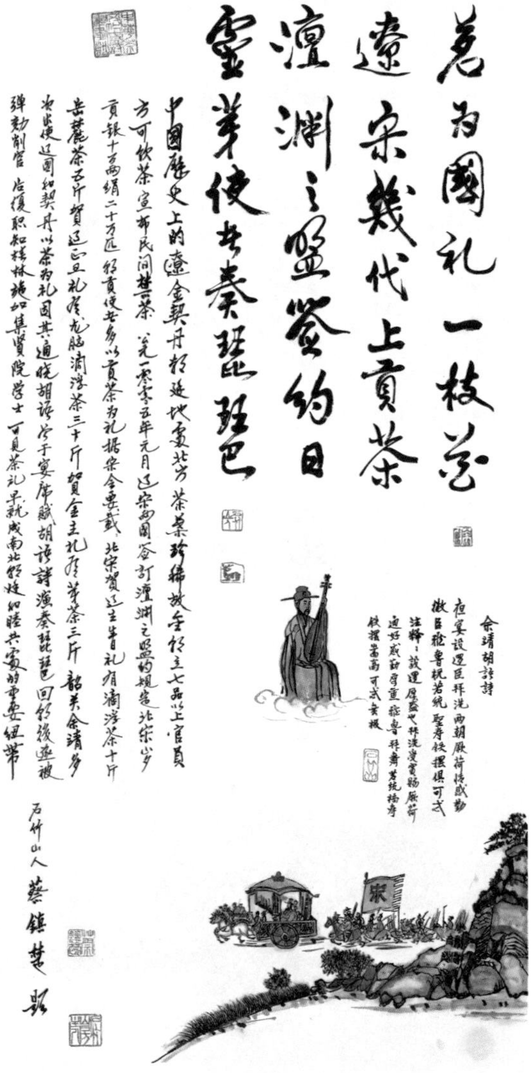

此幅诗书画图之“灵芽使者”，以余靖手抱琵琶赋诗为主体，以大宋使者车盖与车队为背景，以大臣余靖出使辽与契丹的故事为题材，描写这位灵芽使者献媚取宠，赋胡语诗，有辱国格，而遭罢免的故事。

这是一曲可笑而又令人叹息的出使故事。南方茶叶，自北宋开始，作为朝廷国礼，赠送于少数民族政权。中国历史上的辽金契丹朝廷，地处北方，茶叶珍稀，故金朝立法，唯七品以上官员方可饮茶，宣布民间禁茶。1005年元月，辽、宋两朝签订澶渊之盟约，规定北宋王朝岁贡辽银子十万两、丝绢二十万匹。朝贡使臣多以茶叶为礼品。据《宋会要》记载，北宋祝贺辽主生日，贺礼中有滴乳茶十斤、岳麓茶五斤。贺辽正旦礼，有龙脑滴乳茶三十斤。贺金主礼，有芽茶三斤。茶礼是维系南北朝廷和平共处的重要纽带。

灵芽使者，一个多么漂亮、雅致的称号，预示着重大使命、责任与担当。根据刘攽的《中山诗话》记载，朝廷大臣余靖，广东韶关人，以灵芽使者身份，多次出使辽和契丹二朝，以茶为国礼。因其通晓胡语，在契丹主的宴会上赋胡语诗、弹奏琵琶，震动朝野。余靖吟诵的胡语诗：

夜宴设逻臣拜洗，两朝厥荷情感勤。
微臣雅鲁祝若统，圣寿铁摆俱可忒。[1]

然而，余靖作为北宋王朝的朝廷使者，在契丹主的寿宴上献媚取宠，弹奏琵琶、赋胡语诗，有辱国格。此事传到朝廷，掀起轩然大波。余靖回朝后，被弹劾罢官，贬谪至广西桂州，以儆效尤。

[1] 设逻：厚实丰盛。拜洗：接受赏赐。厥荷：通好。感勤：厚重。雅鲁：拜舞。若统：福寿无疆。铁摆：寿比中岳嵩山之高。可忒：无极。

58 | 吃茶去

赵州和尚口头禅，香烛木鱼绕茗烟。
半夜吃茶去课诵，一花撑起禅宗天。[1]

此幅诗书画图写赵州和尚的口头禅“吃茶去”，采用意象化的艺术手法，山岭、池鱼、花卉，以临池观鱼的禅门机锋，描写茶与临济宗的机缘。

“吃茶去”，是赵州和尚的口头禅，也是中国禅宗的一段公案。禅宗，出自梵语禅那，以“妙万物”为内核，以清静为思维途径。此种禅受菩提达摩之弘法，发展为中国佛教一大宗派，因称为禅宗。禅宗有“一花五叶”之谓，就是禅宗的五个支派——沩仰宗、临济宗、曹洞宗、法相宗、云门宗。

禅宗与诗结缘，创立“诗禅论”；禅宗与茶结缘，创立“茶禅论”。诗禅论之研究，盛于南宋，以严羽《沧浪诗话》为代表；茶禅论之研究，至今尚无系统著述，唯有鄙人《茶禅论》文存。这种“茶禅论”，可以与宋代之“诗禅论”并称，在中华传统文化理论体系中，诗、茶、禅三者的关系，词序之先后有特殊的规定性，不可随意戏称。禅宗美学之域，“茶禅一味”四字真诀，是“茶禅论”的核心观念之一。若将“茶禅一味”改成“禅茶一味”，则缺乏历史文化和学理依据。

[1] 口头禅：本指不明禅理，任意袭取禅宗僧人常语，以为平日谈资。后指挂在口头毫无意义的话语。吃茶去：是赵州和尚的口头禅。课诵：佛教徒定时的诵经拜佛作业。

趙州和尚口頭禪
香燭木魚繞茗煙
半夜吃茶去課誦
一花撐起禪宗天

禅宗出自梵语禅那，以妙万物为内核，以清寂为思维，远征此神。禅那是菩提达摩之弘法发展而为中国佛教的一大宗派，因称为禅宗。禅宗有一花五叶之谓，则禅宗的五个派别：沩仰宗、临济宗、曹洞宗、云门宗、法眼宗。禅宗主悟，北宗主渐悟，以神秀为代表；南宗主顿悟，以六祖慧能为代表。中国禅宗皆与诗与茶结缘，成就了诗禅论与茶禅论两大学说。古中诗禅论研究盛于宋代而成于严羽《沧浪诗话》，茶禅论成于圆悟克勤禅师。北宋以降尚少有学者从事整体研究，迄今尚祇有本人之《茶禅论》名世。常说的赵州临济宗本属于南岳怀让一系，乃南宗北传也。

石竹山人 蔡镇楚题

59 | 茶禅一味

碧岩泉水煮茶香，圆悟禅师结绿嶂。
境地鸟衔花落去，茶禅一味祖庭芳。

此幅诗书画图之“茶禅一味”，运用写实与意象化相结合的手法，以北宋圆悟克勤禅师在石门夹山寺讲授《碧岩录》为题材，以盛开的莲花及赵朴初“茶禅一味”碑刻为中心，突出夹山寺作为“中日茶禅祖庭”的历史地位。

圆悟克勤，四川人，北宋著名高僧。宋徽宗政和元年（1111年），自川游荆湘，应原宰相张商英的邀请，入主湘西石门夹山寺，讲述云门宗雪窦的《颂古百则》，将石门文字禅发挥到极致，由其弟子整理而成《碧岩录》，创立“茶禅一味”学说。此书被誉为“宗门第一书”，后人称“茶禅一味”，是圆悟克勤禅师书写给弟子的印可证书，后传至日本，成为日本茶道之魂。

人们多以赵州和尚“吃茶去”的口头禅为茶道精髓，实则是误会。禅宗一派，自达摩初祖到六祖慧能，皆系无字禅。至于北宋，方有文字禅，比如，圆悟克勤的《碧岩录》与惠洪的《石门文字禅》。临济宗来自南岳怀让一系，与常德德山形成南北“棒喝”传统。连赵州和尚也承认赵州“不过是避难所，佛法都在南方”。赵州和尚“吃茶去”的口头禅，或者禅宗寺院所谓“禅茶”文化，都不能与夹山和尚“猿抱子归青嶂后，鸟衔花落碧岩前”的偈语和“夹山境地”相提并论。“茶禅”属于文化范畴，而本末倒置的“禅茶”属于寺院流行的一种茶类，无所谓“禅茶文化”之说，夹山境地才是中、韩、日茶道所恪守的“茶禅祖庭”。2015年秋冬，夹山寺举办规模空前的“夹山千年茶禅文化论坛”，各国专家和学者聚首，高僧大德云集，夹山境地成为国际禅宗学术界共同坚守的茶禅文化之光。

碧岩泉水煮茶香
圜悟禅師结绿嶂
境地鳥銜花落去
茶禅一味祖庭芳

圜悟克勤系北宋高僧，徽宗政和元年自川游荆湖，应前宰相张商英之邀入主湘西石门夹山寺，讲述云门宗雪竇《颂古百則》，将石门文字禅发挥到极至，并由其弟子集结而成《碧岩录》，後被誉为"宗门第一书"。"茶禅一味"乃是圜悟禅师手书于弟子的印可证书，此四字真诀被奉为日本茶道之魂。人们大多以赵州和尚"吃茶去"之口头禅作为茶道之精髓，其实是一种误解。禅宗从达摩祖师到六祖慧能皆系无字禅，直至北宋方有文字禅，即圜悟《碧岩录》与惠洪《石门文字禅》。故禅宗语录多杂乱纷繁。赵州和尚"吃茶去"口头禅不可能与夹山和尚"猿抱子归青嶂后，鸟衔花落碧岩前"的偈语与夹山境地相提并论。故日本茶道则以夹山禅寺为日本的茶禅祖庭也。

石竹山人 蔡镇楚 题

60 石门文字禅

觉范石门文字禅，碧波万顷小舟眠。
湖湘樵唱芳菲地，岳麓沩山结茗仙。

此幅诗书画图之“石门文字禅”，采用写实与意象化相结合的手法，以惠洪禅师为中心，以湖湘山水禅意与湘江渔船为背景，描写惠洪禅师创立“石门文字禅”及其与苏门大弟子黄庭坚畅游衡州，如同茗仙，一路品茶唱和的故事。

惠洪，法号洪觉范，筠州新昌（今江西宜丰）人，北宋后期著名诗僧、画家、诗学批评家。惠洪受丞相张商英牵连入狱，出狱后游湖湘，寓居岳麓寺、景德寺和沩山密印寺，与黄庭坚结交唱和，一生嗜茶，赋茶诗甚多，著有《僧宝传》《石门文字禅》《冷斋夜话》《天厨禁脔》等，是中国茶禅文化的积极传播者。

禅宗有无字禅与文字禅之别。文字禅，以文字阐明禅理、传播禅意者，与不立文字的无字禅相对而言。无字禅，肇始于初祖达摩，而成于六祖慧能《坛经》；文字禅盛于晚唐五代北宋，惠洪《石门文字禅》三十卷，与圆悟克勤的《碧岩录》，可谓文字禅之“双璧”。

觉范石门文字禅
碧波万顷小舟眠
湖湘樵唱芳菲地
岳麓沩山结茗仙

惠洪自称洪觉范筠州新昌人 北宋後期著名詩僧画家詩学评论家 因坐牢於張商英而退游湖湘寓居麓山寺景德寺与沩山密印寺 与苏门四学士之首黄庭坚與之邂逅相聚月餘 交遊唱和 一生嗜茶賦茶詩甚多 著有僧宝传 冷斋夜話、天厨禁脔、石门文字禅等著作 其中石门文字禅三十卷 可與圜悟克勤碧岩录比肩 乃是禅门文字禅之双璧也 亦是中国茶禅文化之积极传播者

石竹山人 蔡镇楚 题

61 | 宋人斗茶

斗茶之习世风行，赵宋茶人意气生。
莫道灵芽青绿美，色香形味水中赢。

此幅诗书画图之“宋人斗茶”，仿元代名画，以赵孟頫《斗茶图》为蓝本，截取其中些许画面，以突出宋人日盛的斗茶之风。

宋代是中国茶美学发展的黄金时代，北宋的汴京与南宋的临安乃是茶文化繁荣的大都市，茶肆林立，茶道风行。《清明上河图》与《梦华录》等呈现了唐宋茶文化与茶美学的厚重，斗茶之风盛行于社会民间。

斗茶，亦称斗茗，是唐五代、宋、元时期盛行于茶人之间的一种品评茶叶质量好坏与茶艺精湛差异的竞赛活动，开创了中国茶叶评比竞赛之先河。

斗茶之风，兴于唐而盛于宋。宋初范仲淹有《和章岷从事斗茶歌》、元人赵孟頫有《斗茶图》等，描绘宋元茶人的斗茶情景。宋朝斗茶取胜的标准有三：一是斗品的色香味形之美；二是斗茶用水的质地之美；三是斗茶者泡茶工艺之精湛。三大要素，缺一不可。水乃茶之命脉。茶叶溶于水而成茶韵，是茶叶获得的生命韵律，富有灵动之美。故历代品茶者，皆注重水质之美，斗茶取胜者，常常亦因一水而胜。

斗茶之習世風行
趙宋茶人意氣生
莫道靈芽青綠美
色香形味水中贏

斗茶斗茗乃是宋元茶俗之盛事亦屬現代評選名優茶之盛節也明以范仲淹《和章岷從事斗茶歌》趙孟頫《斗茶圖》爲证 斗茶取勝者一是斗品色香味形之美二是斗茶用水質地之美三是斗茶者泡茶工藝之美 三大要素缺一不可 水乃茶之命脉 茶葉融於水而成茶韵 茶韵乃是茶葉獲得的生命韵律富有灵動之美 故歷代品茶者皆注重水質之美 斗茶者亦因一水而勝者夥矣

石竹山人 蔡鎮楚 題

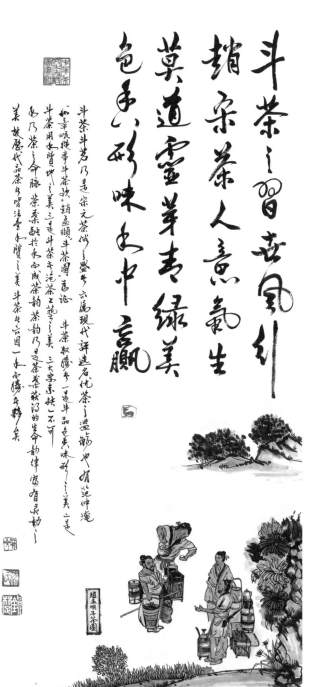

62 宋徽宗《大观茶论》

赵佶论茶见大观，宋人尚白贵龙团。[1]
靖康烽火连天日，灵草凄凄鼓角寒。

此幅诗书画图之“宋徽宗《大观茶论》”，采用意象化的艺术手法，以白牡丹的自然意象，描写宋徽宗所著《大观茶论》的茶美学观念及其在茶史上的巨大贡献。

古代中国，受宗法制度和宗法文化之影响，一种产业之兴和社会风气之盛，大多得益于帝王之好与朝廷之倡。中国茶业亦然。历代帝王对茶业及茶文化发展贡献最著者，除茶祖神农之外，尚有茶文化界的“四大天王”：一是唐玄宗李隆基统一“茶”字，使“茶”字标准化；二是宋徽宗著《大观茶论》，成为宋代茶美学的巅峰之作；三是明朝开国皇帝朱元璋，废止团贡，倡导散茶，对中国茶业的振兴贡献极大；四是清朝乾隆皇帝，嗜茶如命，其《御制诗集》以三百首左右的茶诗，品论天下茶、水、茶禅之意，确立“茶禅”文化的历史地位。

宋朝是中华茶美学发展的黄金时代。宋徽宗爱茶，撰有《大观茶论》。宋人的审美情趣崇尚雅致，点茶之色崇尚纯白，以龙团贡茶为贵，其大臣“前丁后蔡”以建州为基地，监制龙团贡茶，将龙凤贡茶的科技含量与美学特征发展到极致。《大观茶论》指出：“点茶之色，以纯白为上，青白为次，灰白次之，黄白又次之。天时得于上，人力尽于下，茶必纯白。”这是对宋人品茶尚白审美情趣的概括之论。

---

[1] 赵佶，即宋徽宗。见，通“现”。大观，大景象。靖康烽火，即靖康之变。宋徽宗靖康元年（1126 年）十一月，金兵大举南下，攻破汴京，宋钦宗率领大臣至青城请降。次年四月，金兵再次洗劫汴京，掳徽宗、钦宗和太妃、太子、宗戚三千人北去，汴京被洗劫一空，北宋灭亡。宋徽宗、钦宗被掳北上，客死于黑龙江的五国城。

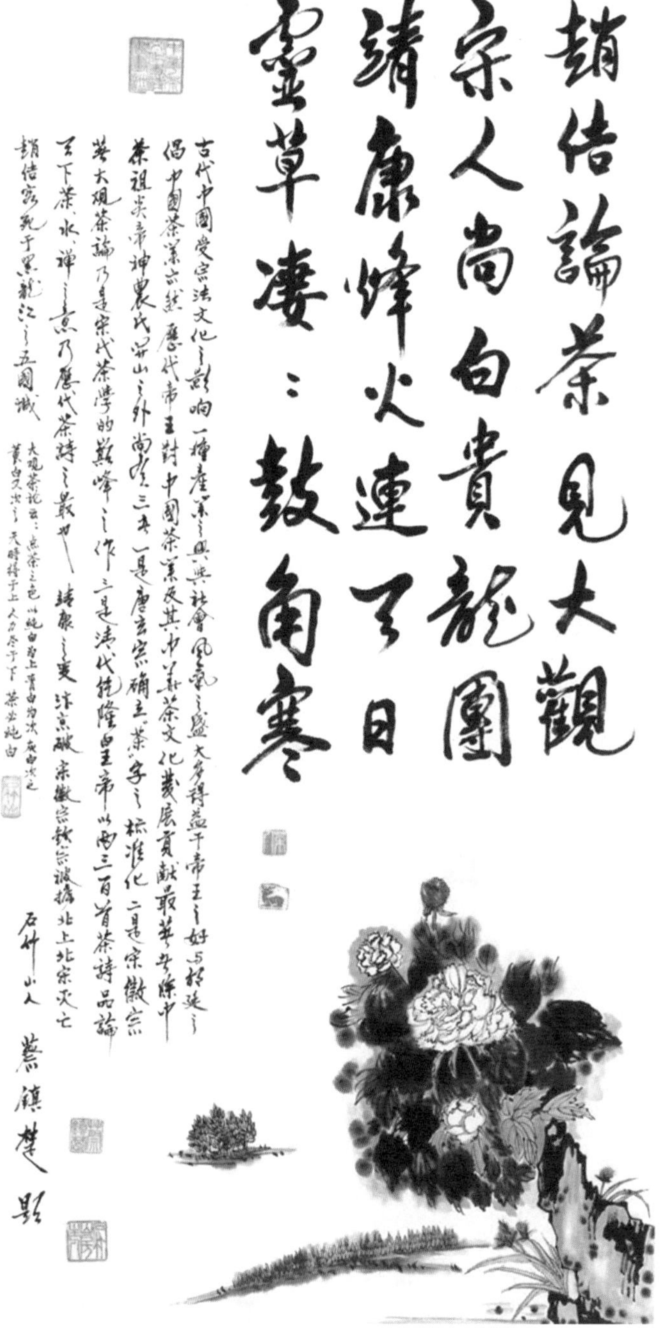
趙佶論茶見大觀
宗人尚白貴龍團
靖康烽火連天日
靈草淒〻鼓角寒
古代中國受宋法文化之影响一種產業之興與社會風氣之盛大多得益于帝王之好與推廷之
倡中國茶業亦然 歷代帝王對中國茶業及其中茶文化發展貢獻最著者除中
茶祖炎帝神農氏嵩山之外尚有三者 一是唐玄宗確立茶字之標准化 二是宋徽宗
著大觀茶論乃是宋代茶學的巅峰之作 三是清代乾隆皇帝以兩三百首茶詩品論
天下茶水禪之意乃歷代茶詩之最也 靖康之變 汴京破 宋徽宗欽宗被擄北上北宋灭亡
趙佶客死于黑龍江之五國城
大觀茶論云：點茶之色以純白爲上眞 青白爲次 灰白次之 黃白又次之 天時得于上 人力盡于下 茶必純白
石竹山人 蔡鎮楚 題

63 | 易安居士茶话

清词丽句醉飘云，伉俪品茶话典坟。
绣口锦心逢乱世，易安居士哭夫君。

此幅诗书画图之“易安居士茶话”，以写实的笔法，以女词人易安居士李清照为中心，描写她与丈夫赵明诚运用文献典籍出处品茶斗智的故事，突出他们伉俪遭遇靖康之变的人生悲剧。

李清照（1084—1155年），号易安居士，宋代第一才女，大学士李格非之千金，山东历城人。她爱茶，锦心绣口，清词丽句，以诗词为美，以“易安体”名世，是宋魂词心的表白，也是家国之恨的张扬。其夫赵明诚是著名的金石学家。他们时逢南北宋之交，靖康之变后，李清照匆匆南下，在乱世兵燹之中，丈夫一生收集的金石文物丧失大半，好不容易避乱江南，丈夫暴病身亡。命运之神，再次将她投入灾难的深渊，寻寻觅觅、凄凄惨惨，孤独而终。

他们既是一对才华横溢的才子佳人，也是苦命的品茶斗茶夫妇。李清照伉俪都爱茶，据《金石录·后序》记载，夫妇俩平素饭后，在书房品茶论道，多以文献典籍为话柄，先出一句或一段文史资料，看对方能否说出其出自何书、何卷、何页，凡说对者品茶。每每猜中者，举杯大笑，茶水倾覆到胸怀之中，反而不能饮茶，立即站起身来……李清照与丈夫这段斗茶趣闻轶事，名为斗茶，实则以茶斗智慧、斗博文广识、斗阅读记忆能力。赵明诚、李清照夫妇此等斗茶方法，将读书与品茶结合之，高雅别致，茶趣盎然[1]。

---

[1] 李清照《金石录·后序》：“每饭罢，坐归来堂，烹茶。指堆积书史，言某事在某书某卷第几页第几行，以中否角胜负，为饮茶先后。中即举杯大笑，至茶倾覆怀中，反不得饮而起。甘心老是乡矣！”

清詞麗句辭羲雲
伉儷品茶話典墳
綉口錦心逢亂世
易安居士哭夫君

宋代才女李清照号易安居士錦心綉口清詞丽句以易安体名世其夫趙明誠是著名金石学家伉俪倆时逢南北宋之交金兵南侵在社会动乱之中趙明誠所收藏之金石文物丧失殆尽避居江南苟安一隅却逢丈夫暴亡命运之神使她墜入深渊孤獨而终。李清照爱茶其金石录後序記載夫婦倆享素饭後品茶論道多以典籍文献为話柄先出文史資料能否說出其出自何書何卷何頁碼凡說对者品茶如同斗智斗博闻广识與阅读記憶能力此等茶事高雅别致茶趣盎然值得提倡之也

石竹山人 蔡鎮楚 題

64 陆游茶诗

沈园一别不相逢，佳茗柳丝梦魂中。
剑阁骑驴家国意，人生何处叹放翁？

此幅诗书画图之“陆游茶诗”，运用历史写实与自然意象化相结合的笔法，以剑门关为背景，取陆游骑驴过剑门的情景，突出他为抗击金兵南侵劳苦奔波的人生遭际。

陆游（1125—1210年），字务观，号放翁，南宋浙江绍兴人，宋代著名诗人。以茶诗名世者，当首推陆游为茶诗大家。他嗜茶品茶，一生创作茶诗三百多首。陆游为抗金奔走于仕途，一生先后进四川王炎、范成大幕府，担任书记，以图收复中原大业，却始终碌碌无为。他的人生悲剧，源于与发妻唐婉的婚姻，南宋法律规定：妻子“无子、恶疾、口舌、盗窃、妒忌、淫乱、不事舅姑者，丈夫可休妻”。因其家母坚持“七出”之意，陆游被迫无奈，休妻再娶。后与唐婉在沈园相遇。唐婉一往情深，以美酒款待。陆游感伤万千，挥笔题写《钗头凤》一词于沈园壁。唐婉亦奉和一阕而别，回到家中，一病不起，忧伤而终，令陆游终生悔恨不已 。

陆游一生爱茶、咏茶，为茶而生、为茶而歌。他是中国诗史上写茶诗最多的诗人，又以擅长律诗，与杜甫、李商隐并称为“唐宋三大七律诗人”。陆游茶诗，是中国历代文人茶诗之最，可以与茶圣陆羽、茶组诗开创者陆龟蒙，并称为茶界“三陆”，是中华茶文化史上的杰出贡献者。

沈園一别不相逢
佳茗柳丝梦魂中
剑阁騎驴家国意
人生何處吹放翁

南宋著名詩人中以茶詩之名垂當首推陸游為大家其啜茶示兒輩詩則寫家庭茶會
陸游字务观号放翁南宋著名詩人浙江绍興人青年时代與表妹唐琬成親因家母七出之意
而被迫離异壮年时與唐琬邂逅于沈園唐琬一往情深以美酒佳肴殷勤款待陸游感伤良多遂
揮毫題钗头凤一詞于園壁唐琬于沈園饯别後忧郁而死陸游竟在巴蜀剑门先後入王炎和
范成大幕府谋求收复中原大業时到晚年退居山陰故里依然思念唐琬之死有感而集有詩云：
梦断香消四十年沈园柳老不吹绵此身行作稽山土犹吊遗踪一泫然

石竹山人 蔡镇楚 題

65 辛弃疾与茶商军

唐宋榷茶取民膏，茶农起义披战袍。
稼轩镇压赖文政，历史无情笑尔曹。

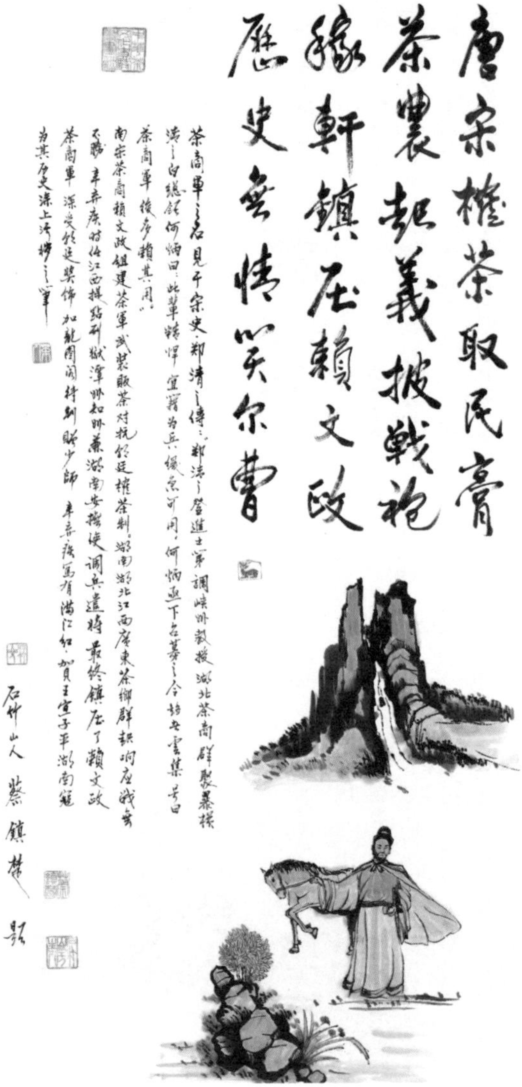

此幅诗书画图之“辛弃疾与茶商军”，以写实的笔法，以长沙营盘路辛弃疾的石雕为蓝本描绘其戎马一生的形象。一方面旨在描绘宋代两湖茶商军起义的历史，为中国茶商军立传，还茶商军以历史公正；另一方面在于说明历史的无情，不必为尊者讳，爱国词人辛弃疾也曾奉朝廷之命残酷镇压赖文政为首的湖广茶商军起义。赖文政茶商军与以辛弃疾为首的湖南飞虎军的拼杀，属于茶农茶商与封建朝廷之间利益冲突。如同岳飞镇压洞庭湖杨幺、王小波农民起义一样，一代抗金派的爱国词人沦为镇压茶商军的枪手，是辛弃疾的人生悲哀，也是两湖茶商军的不幸。是非曲直，历史自有公断。

“茶商军”之名，最先见于《宋史·郑清之传》:“郑清之登进士第，调峡州教授。湖北茶商群聚暴横，清之白总领何炳曰：此辈精悍，宜籍为兵，缓急可用。炳亟下召募之令，趋者云集，号曰茶商军，后多赖其用。”

唐宋时期的榷茶制，朝廷向茶农茶商征收茶税实行茶叶专卖。南宋荆南（常德汉寿）的赖文政（约1106—1175年）和黎虎将，揭竿而起，率领湖南、湖北、江西、广东等地的茶农茶商起义，组建中国第一支茶商军，武装贩运茶叶。官方斥之为“茶寇”“茶盗”。赖文政茶商军转战于广东、江西、湖南、湖北各省，势如破竹。

辛弃疾（1140—1207年），字幼安，号稼轩，山东历城人，抗金将领，著名爱国词人。赖文政茶商军的起义引起朝廷恐慌。当时，辛弃疾担任潭州知州兼湖南安抚使。根据朝廷的指令，辛弃疾在长沙组建飞虎军，开始残酷镇压赖文政茶商军。而后，辛弃疾调任江西提点刑狱，王宣子成了率官军镇压赖文政茶商军的主帅（周密《齐东野语》记载有《王宣子讨贼》)。他采取诱骗手段，奉命招降于九江，擒杀赖文政。辛弃疾闻讯，欢欣鼓舞，还特地撰写《满江红·贺王宣子平湖南寇》一词。

66 | 武夷山茶韵

九曲茶园九曲香，山穷水复石缝长。
岩茶青翠流神韵，武夷茗风醉海疆。

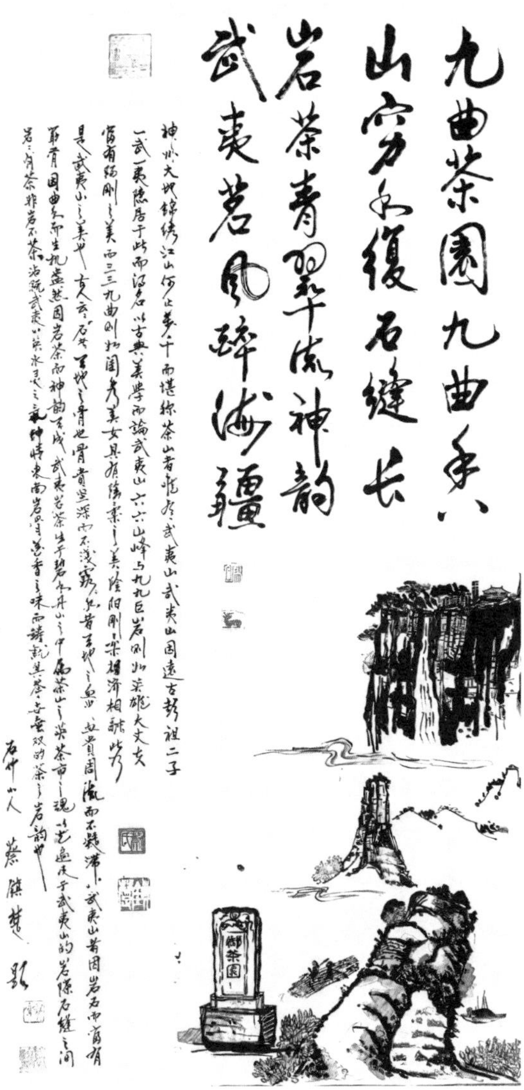

一个神奇的世界，岩石的世界，碧水丹山的世界；一个芳香的世界，岩茶的世界，茶艺精湛的世界。

神州大地，锦绣江山，唯有一个武夷山堪称著名茶山。武夷山因远古彭祖二子一武一夷隐居于此而得名。武夷兄弟幔亭招宴、教民种茶，汉武帝为之封神，世代以干鱼祭祀，即中古茶神武夷君。故五千年的中华茶文化史有“历三古尊三元”之说[1]。

武夷山之自然风光，是中国数文化之结晶。以三三六六九九之数，组合而成武夷山山水自然的一个整体。三三为九曲之水，六六为三十六峰之峦，九九乃八十一岩之韵。此中育成武夷岩茶，正是数理哲学生成之树；以古典美学而论，武夷山六六山峰与九九巨岩，犹如大丈夫，富有千古英雄之气与天地阳刚之美，而三三九曲，则如闺秀美女，富有阴柔之美。阴阳刚柔，相继相融，此乃武夷山水之美。

武夷山水一壶茶。武夷山以茶立市，武夷岩茶有大红袍、水仙肉桂等品种。春色满园，层峦叠嶂，蓓蕾青翠，如同万斛珠玉之妙。古人云：“石者，天地之骨也；骨贵艰深而不浅露。水者，天地之血也；血贵周流而不凝滞。”武夷山因岩石富有筋骨，因曲水而生机盎然，因岩茶而神韵天成。武夷岩茶，生于碧水丹山之间，属于茶山之英、茶山之魂。

今有大型《印象大红袍》山水情景片，采用神话与现实、仙景与实景、想象与数字艺术相结合的手法，融山水自然、民俗风情与实景舞台艺术于一体，淋漓尽致地展现武夷山茶的历史与现实，大气磅礴，雅俗共赏，天马行空又接地气，接古今人文之气，是一部经典绝妙之作。美哉！妙哉！360° 旋转实景舞台，几百人的演出队伍，令我震撼不已！有此偌大无比的山水情景剧，作为古今天下第一茶山，武夷山乃当之无愧矣！

[1] 五千年中华茶文化史，我们提出“历三古尊三元”之说：大致经历三个时期的发展演变，即上古茶祖神农氏、中古茶神武夷君、近古茶圣陆羽。如今武夷山政协出面重修武夷宫，供奉联合国教科文组织认定的中华茶神武夷君雕像，我应邀撰写《中华茶神武夷君赋》《祭中华茶神武夷君文》，镌刻于武夷宫壁。

67 | 全真道无为茶

茗有旗枪驱睡魔，无为茶作一香莎。
自然神韵皆妙品，江上渔夫披绿蓑。

此幅诗书画图之“全真道无为茶”，运用意象化的艺术手法，描写山水、飞鸟、渔舟、渔夫之自然神韵，写文人骚客品茶论道之乐，突出金元全真教自然无为的教义与旨趣，贬斥名利之徒的功利之心。

以茶叶比喻旗枪，始于唐人。晚唐诗僧齐己以及诗人陆龟蒙、皮日休等所作的茶诗，均有此喻。此种比喻出自茶叶初发芽时的形态，一芽一叶，如同枪旗之状。金代全真教道士马钰咏茶，作《长思仙》词，反其意而曰：

一枪茶，二旗茶，休献机心名利家。无眠为作差。
无为茶，自然茶，天赐休心与道家。无眠功行加。

全真道是金元时期中国道教的一个分支，属于内丹派道教，南北辉映。南宗为金丹教，以张伯端、石泰为首；北宗为全真教，以王喆、丘处机为代表。此词不仅批判功名利欲之徒，斥责他们喝茶无眠反而去干坏事；而且倡言道家“自然、无为”之旨，首先提出无为茶、自然茶之义，于中国茶文化之道家体系的构建具有廓清补缺之功。

茗者槍驅睡魔

无为茶作一事莎

自然神韵皆妙品

江上渔夫披绿蓑

茶叶为药根之喻今始于唐人仍未已及陆龟蒙皮日休泽茶诗均有此比喻出此自茶叶初发一芽一叶如同槍旗之状金代全真教道士马钰亦茶作长思仙词及其义而曰一槍茶二旗茶休献机心名到家无眠为作差无为茶自然茶天颐休心与道家无眠功行加此词不仅批判名到家而且倡言道家自然无为心旨首次提出无为茶自然茶之义于中间茶文化之道家体系其于廓清诸缺之功也

石竹山人 蔡镇楚书

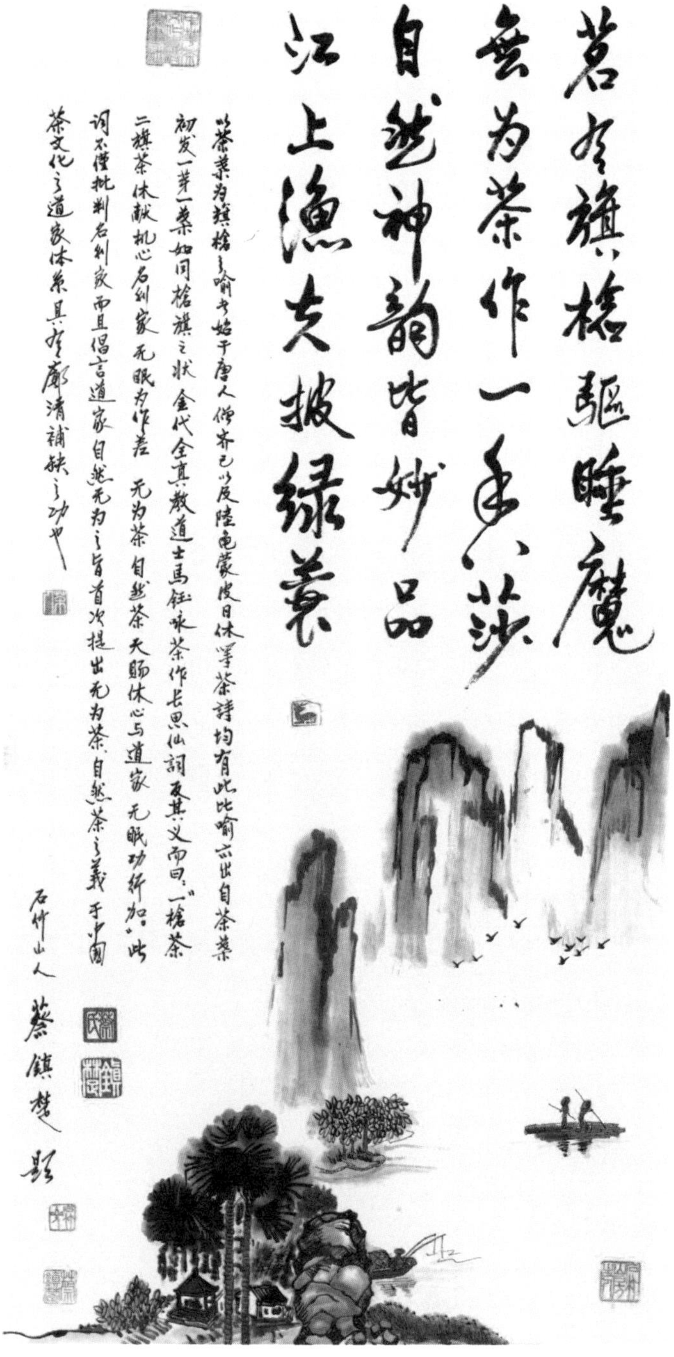

68 击鼓喊山

顾渚山边境会亭，两州太守聚茶丁。
鸣金击鼓喊山岳，震落天空万个星。

此幅诗书画图写顾渚山茶园“击鼓喊山”盛事，采用写实与夸张相结合的艺术手法，描写茶山、茶亭、万千茶人与官员于惊蛰时节齐聚境会亭下。涌金泉边，“茶发芽”的呼声惊动天地，是一幅何等震撼茶山的情景。

中国茶俗，众彩纷呈，因民族而异，因地域而异，特别是顾渚山的击鼓喊山，代代相传，呈现出千姿百态的茶俗奇观。

顾渚山，位于江苏常州与浙江湖州之间，是历史上著名的茶山。宋元时期，为发展茶产业，每逢惊蛰时节，湖州太守与常州太守会带领两州茶丁们会聚江苏、浙江交界的顾渚山茶园之境会亭，举行一年一度的祭祀涌金泉和茶山仪式。典礼之后，鸣金击鼓，万千茶丁茶农，对着绵延起伏的茶山茶园齐声高呼：“茶发芽——茶发芽——”这万众茶人的呼喊，如惊蛰的春雷，气势磅礴，惊天动地，空前壮观，声震万颗星星，惊醒茶树快发芽。

这就是顾渚山茶人的“击鼓喊山”，这是心灵的呼喊，这是茶人的呼唤！民间习俗，代代相传。元明清时期，武夷山茶区，亦然承袭此喊山风俗，且筑建了喊山台，寄托茶区人民对茶叶丰产的殷切希望。

顧渚山边境會亭
兩州太守聚茶丁
鳴金击鼓喊山岳
震落天空萬個星

宋元時期湖州太守與常州太守每逢驚蟄時節会聚顧渚茶山之境会亭舉行一年一度的祭祀涌金泉典儀而後鳴金击鼓万千茶農齐聲高呼："茶发芽！"氣勢磅礴空前壯观此乃"击鼓喊山"之习也。明清时期武夷山茶区亦延承袭此喊山风俗并筑建有喊山台寄托茶人对茶叶丰產之殷切希望之意也。

石竹山人 蔡鎮楚題

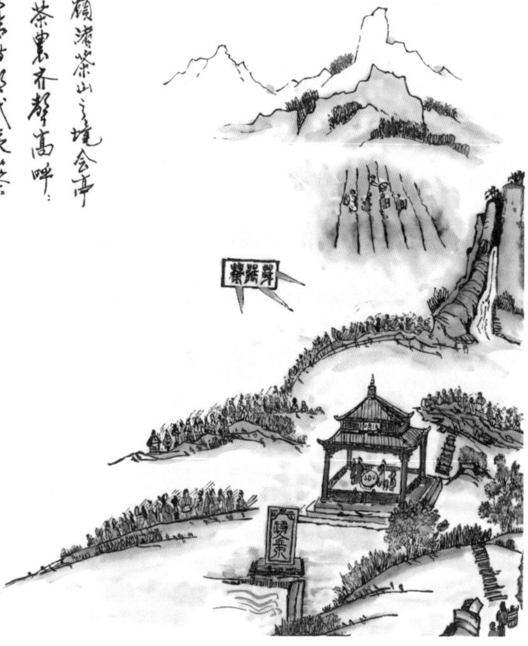

69 | 朱元璋废团茶，兴散茶

平民皇帝出凤阳，废弃团茶改散装。
灵叶炒青新羽翼，神州处处闻茶香。

此幅诗书画图写朱元璋兴茶，采用写实的手法，以明朝开国皇帝朱元璋为中心，以江南茶苑为背景，茶园、山峰、茶苑、茶船，构成一幅茶乡全景图，描写朱元璋废弃团茶、兴散茶的历史功绩。

中国人茶饮，自唐、宋、辽、金、元几代，以团茶饼茶为主，龙凤贡茶繁盛一时，统治阶层争相收藏。因龙凤贡茶费时费力，茶区的平民百姓深受其害。苏轼《荔枝叹》发出“我愿天公怜赤子，莫生尤物为疮痏”之叹。

朱元璋（1328—1398年），字国瑞，安徽凤阳人，幼孤，家贫，出家为僧。时逢郭子兴起兵反元，他出寺从戎，在起义军屡立战功。后继承郭子兴的未竟之业，统率起义军，创建明朝，建都应天，改为南京，登基称皇，年号洪武。朱元璋在位三十一年，关注民生，颇多政绩。

平民皇帝朱元璋，体恤民情，开国登基之日即发表四条诏令，提倡农耕，发展产业，安抚天下。明洪武二十四年（1391年），朱元璋下诏废止团茶贡茶，兴叶茶。从此，中国人的饮茶方式，从茶叶包装到流通体制发生了根本变化，为中华茶业的繁荣发展奠定了基础。明成祖年间，炒青绿茶大行其道，“柴米油盐酱醋茶”，茶真正进入平常百姓家，成为开门七件事之一。可以说，明朝前期是中国茶叶繁荣发展的转折点。团茶退隐，散茶特盛，百姓共饮，雅俗共赏，中华茶文化得以进入繁荣发展的新时代。

平民皇帝出凤阳
废弃团茶改散装
灵叶炒青腾羽翼
神州处处品茶香

唐宋元以团茶饼茶为主，龙凤贡茶繁盛，平民百姓并未受益反而受害，故苏轼发出了“我愿天公怜赤子，莫生尤物为疮痏”之叹。在元末农民战争烽火之中，平民出身的朱元璋登基为皇，以罢茶诏令安抚天下。洪武二十四年下诏：“废团茶兴叶茶。”明成祖年间炒青绿茶大行其道，茶为国饮方进入平常百姓家，可以说明朝前期乃是中国茶业蓬勃发展之转折点，团茶退隐，散茶特盛，百姓共饮，雅俗共赏，中华茶文化得以进入大发展大繁荣的新时代。

石竹山人　蔡镇楚题

70 李文忠以茶易马

以茶易马李文忠，万里边疆立伟功。
蒙古草原塞外雪，铁骑十万跃天穹。

此幅诗书画图写明朝大将李文忠、常遇春以茶易马，采用特写、写实与夸张相结合的艺术手法，以李文忠、常遇春统率的北方边防军骑兵师为中心，以骑兵将士威武雄壮的军旅行程为背景，描写他们在明初恪守以茶易马国策的艰苦历程与丰功伟绩。

李文忠、常遇春是明朝开国皇帝朱元璋麾下的两员大将，历经采石矶大捷、中原大战，攻克燕京，转战蒙古大草原，成为大明王朝北方边防军的最高统帅。常遇春、李文忠采取以茶易马战略，安定九边，帮助安化黑茶商队打通万里草原茶路，开拓大西北与俄罗斯恰克图国际茶叶市场，功昭千秋。

据谈迁《枣林杂俎》记载，李文忠将军为壮大北方骑兵师，曾以50万斤茶叶易番马13518匹，使明朝北方骑兵师成为中国军事历史上最强大骑兵部队。李文忠是位儒将，还是朱元璋的外甥，好文史典籍，能文能武，在山西大同等九边驻防之际，与《三国演义》的作者罗贯中关系甚笃，曾破格重用元代大诗人萨都刺，是中国历史上文武双全的大将军。

我撰著的关于黑茶的长篇小说《世界茶王》，以湖南益阳黑茶商队、山西茶商与安化茶商军不远万里，开拓万里茶道为主线，描写元末明初以李文忠、常遇春为将军的北方边防军以及《三国演义》的作者罗贯中等帮助益阳黑茶商队开拓万里茶路的故事，情节曲折，惊险动人，再现了元末明初惊心动魄的历史风云，是第一部与国家“一带一路”倡议全面对接的关于黑茶的长篇小说。

以茶易馬李文忠
萬里邊疆立偉功
蒙古草原塞外雪
鐵騎十万躍蒼穹

李文忠與常遇春是朱元璋麾下兩員大將曾任明初北方边防軍最高統帥为朱明王朝拓边安边立下不朽战功又积极帮助安化黑茶商贩開拓大西北市场打通万里茶路据谈迁枣林杂俎記載李文忠大將軍为建立北方边防軍騎兵師曾以五十万斤茶葉易番馬一万三千五百一十八匹使明朝騎兵師成为中國軍事史上最強大的騎兵部隊 其實李文忠是位儒将又是朱元璋的外甥好典籍能文能武相傳他在山西大同與大作家罗貫中关係甚篤又破格重用元末大詩人薩都剌

石竹山人 蔡鎮楚 題

71 | 朱元璋怒杀驸马

穆穆官茶西北行，草原戈壁响驼铃。
岂容驸马贪赃事，圣旨传来怒杀声。

此幅诗书画图之“朱元璋怒杀驸马”，以洪武皇帝朱元璋为核心，以安庆公主责骂驸马欧阳伦为背景，采用历史纪实的笔法，描写朱元璋不济私情，为维护《茶马法》纲纪而怒杀贪赃枉法的驸马欧阳伦的故事。

明朝洪武年间，朝廷设立茶马司，颁布《茶马法》，以茶为官茶，继续实行茶马互市，禁止私自买卖。安庆公主是朱元璋与马皇后的掌上明珠，洪武十四年（1381年）被许配给进士出身的欧阳伦。驸马倚仗权势，贪赃枉法，指使家奴周保走私官茶，在关中蓝田县巡检司被查获。周保打伤税吏，捣毁巡检司。巡吏不畏权贵，告到朝廷茶马司。经检察署查证：从洪武十四年到三十年（1381—1397年），驸马欧阳伦先后从四川雅安、成都、汉南、西北牧区倒卖官茶17030斤，获利41530两银锭。事实确凿，罪证如山。

安庆公主带着子女在金銮殿外求情三天三夜，而朱元璋毫不留情，依照朝廷律法与《茶马法》，发布诏书：“为严明大明纲纪，严惩贪官污吏，令欧阳伦以赐死，其家丁周保等，依法斩首示众，所倒卖茶叶没收入官。”

这是中国茶叶史上的一个重大事件，一个震惊朝野的官茶故事。[1]

---

[1] 蔡镇楚．世界茶王 [M]. 北京：光明日报出版社，2018.

驿驿官茶西北行
草原戈壁响驼铃
岂容驸马贪赃事
圣旨传来怒杀声

洪武初朝廷设茶马司颁布《茶马法》以茶为官茶安庆公主是马皇后的掌上明珠许配进士欧阳伦驸马依仗权势指使家奴周保走私官茶17030斤获利41530两银锭被查实后朱元璋不顾公主求情断然颁诏依法惩处周保赐死驸马欧阳伦震惊朝野此乃皇帝为官茶而怒杀驸马之故事也

石竹山人蔡镇楚 题

72 | 草原万里茶路

黄土高坡古燕然，草原茶路漫无边。
晋商崛起于诚信，河岳英灵共尧天。

此幅诗书画图之“草原万里茶路”，采用写实与夸张相结合的艺术手法，以肃穆的北国风光为背景，以黑茶商队为依托，描写中、蒙、俄万里茶道的开拓历程，旨在以山势的高峻与色泽的单调，来突出万里茶道的广阔无边与行路艰难。这是中国茶美学的一种阳刚、干练、豪壮之美，有别于江南茶区的茶马古道之崎岖婀娜多姿与神奇迤逦之美。

万里茶路又称万里茶道、草原之路，起点有两处：一是湖南省益阳市安化县，是黑茶之路；二是福建武夷山，是红茶之路。两大起点在湖北汉口会合，合二为一。万里茶路是中国古代茶叶贸易与中华茶文明传播之路，以黑茶、红茶为主，以俄罗斯恰克图为中转站，延伸至圣彼得堡与欧洲大陆。在此万里茶路上从事南方茶叶销售贸易之主体者，乃是以诚信为本的晋商、陕商。

元明清之际，晋商等茶商不远万里，历尽千难万险，于湖南安化和福建武夷山经销茶叶，而后销往俄罗斯恰克图。他们是草原万里茶路的开拓者和中华茶文化的传播者，其伟大的功绩，可与山河共存、与日月同辉。

黄土高坡古燕然
草原茶路漫無邊
晉商崛起于誠信
河岳英靈共堯天

草原茶路起始于湖南安化与福建武夷山是中國古代最为纯粹的万里茶路以黑茶红茶为主以俄罗斯恰克图为中轉站延伸至彼得堡與東北欧 在此万里茶路上從事南方茶葉銷售之主体者乃是以誠信为本的晉商陕商 元明清際晉商不远万里于湖南安化与福建武夷山經銷茶叶而後銷往俄罗斯恰克图他们是草原万里茶路之开拓者亦是中華茶文化之傳播者其偉大功绩可与山河共存与日月同輝也

石竹山人 蔡镇楚题

73 恰克图茶市

茶缘万里路漫漫，戈壁驼铃风雪寒。
恰克图堡塞北市，晓霜残月伴枕眠。

此幅诗书画图写俄罗斯的国际茶市恰克图，茶路漫漫，茶叶飘香，运用写实与虚构相结合的艺术手法，描写中国茶商队的马背驼铃之艰难跋涉，到达俄罗斯边境茶市恰克图的情景。故此图的主要色调以北方土黄色为主，画面前方是亭亭玉立的白桦树，突出茶路之漫漫与西伯利亚风光之异。

1689年，中俄签订《尼布楚条约》。从1689年到1725年，俄国官方派出了11支商队到北京，购买茶叶、牛、马、皮革、丝绸、瓷器。1722年，雍正皇帝同意重新开放对俄贸易，确定漠北喀尔喀蒙古与俄国之间的疆界，并且沿疆界建立固定的贸易地点。萨瓦离开圣彼得堡后取道伊尔库茨克，到色楞格河边的色楞金斯克城堡停了下来。这个尖柱城堡建于1666年，1726年时已经发展成为一个有相当规模的镇子。在东贝加尔地区，色楞金斯克是官方商队向南进入蒙古之前的主要集散地。叶卡捷琳娜一世要求萨瓦寻找最佳地点建立要塞，而非简单地修筑尖柱城堡。萨瓦在恰克图河和小泥河的合流之处建起了第一座城堡作为茶叶贸易重镇，名为恰克图。

元明清时期，俄罗斯西伯利亚的恰克图是中俄茶叶与皮革出口贸易的重要市场。自从晋商引领安化黑茶商队开辟草原万里茶路后，恰克图成为中国名茶出口俄罗斯和欧洲内陆的中介市场，茶商云集，茶铺林立，茶业繁荣。此地茶叶贸易品类，主要是湖广黑茶，其次是红茶、青茶、绿茶。茶缘万里，琥珀流香。小小边城，惠泽四海，功高千秋。

茶缘万里路漫漫
戈壁驼铃风雪寒
恰克图堡塞北市
晓霜残月伴枕眠

明清时期俄罗斯西北利亚的恰克图乃是中俄茶叶出口贸易之重要市场 自从晋商引领安化黑茶商队穿辟草原万里茶路后恰克图则成为中国名茶出口俄国和欧洲的内陆中转站 茶商云集茶铺林立茶业繁荣 此地茶叶贸易品类主要有黑茶其次有红茶青茶绿茶 茶缘万里琥珀流芳 小小边城恰克图惠泽四海功高千秋也

石竹山人 蔡镇楚 题

74 牡丹亭黑茶

临川四梦是奇葩，茶马诗篇映彩霞。
官府黑茶神秘韵，牡丹亭下话桑麻。

此幅诗书画图写临川黑茶，以写实主义的艺术笔法，以牡丹为自然意象，以其牡丹亭为中心画面，描写著名戏剧家汤显祖在《茶马》诗中率先提出“黑茶”的故事，融入《牡丹亭》之类古代戏剧艺术，揭示中国六大茶类的自我完善与神秘茶韵的艺术之美。

汤显祖（1550—1616年），江西临川人，明代著名戏剧家，代表作有《牡丹亭》《紫钗记》《南柯记》《邯郸记》，合称为“临川四梦”，是明清戏剧艺术的扛鼎之作。

中国茶叶可分为六大茶类：绿茶、青茶、红茶、白茶、黑茶、黄茶。此六大茶类各自出现的时代已难以考证。目前的定论出自近现代著名茶学家陈椽先生。中国茶区，东南多以绿茶、乌龙茶为主，西南多以红茶、黑茶为主。其中湖南、湖北、云南、四川、广西的黑茶，早在元末明初就被列为官茶，由朝廷茶马司负责专卖专供，实施以茶易马的国家战略。明朝万历年间，朝廷规定上等马一匹换茶三十篦，中等二十篦，下等十五篦。此等茶马互市的交易比差，根据市场需求时有波动。

汤显祖有《茶马》诗，历数茶马互易的历史全貌，是明代茶马政纪的重要文献，其中“黑茶一何美，羌马一何殊”两句，与《明史·食货志》卷八十“商茶低伪，悉征黑茶”相呼应，是提出“黑茶”之名的最早者。《甘肃通志·茶法》亦称，安化黑茶在明嘉靖三年（1524年）以前开始制造。

临川四梦是奇葩
茶馬詩篇映彩霞
官府黑茶神秘韵
牡丹亭下話桑麻

汤显祖 江西临川人 明代著名戏剧家 代表作有牡丹亭 紫钗记 南柯记和邯郸记 合称为临川四梦。湖南黑茶早在元末明初则列为官茶 由朝廷茶馬司負責专供實施以茶易馬战略 明万历年间规定上等馬换茶三十篦 中等二十 下等十五。汤显祖有茶馬詩 历数茶馬交易之历史全貌 是明代茶馬政纪的重要文献 其中 黑茶一何美 羌馬一何殊 之句 再现黑茶名称 與明史食貨志相呼应 乃是黑茶之名之最早者

石竹山人 蔡镇楚 题

75 南北紫砂壶

七彩陶瓷著永珍，神州名窑五冠伦。
古今谁是钧陶手，艺海万千时大彬。[1]

此幅诗书画图之“紫砂壶”，运用意象化的艺术手法，以美女抱壶为意象，以紫砂壶制作工艺为背景，描写唐宋以来中国茶具制作的历史进程，突出明代以来紫砂壶工艺大师的杰出贡献。

中国陶瓷，起源于史前，是生活必需品，也是中华饮食文明的承载者。茶之于陶瓷器具，如孪生兄妹，相依相顾、相续相禅，茶水因器具而具有形态之美，此谓之器韵也；茶韵与器韵密不可分，茶器之呈天地万象，承载茶杯中的日月星辰，而赋予茶以无限的生命活力。故品茶者特别注重茶器之美。

水为茶之父，器为茶之母。中国茶器茶具的制造受中国茶道影响，崇尚山水自然。唐宋以来，中国名窑遍布神州大地，有汝窑、钧窑、定窑、哥窑、建窑、官窑等，至今仍然长盛不衰。而后崛起的紫砂壶是中华茶具的绝世珍宝，南有江苏宜兴，北有山西平定，而以宜兴为盛，代表着紫砂壶茶具的两种不同审美范畴——南以阴柔之美，北有阳刚之气。

紫砂壶，是中国茶文化的载体。明清以降，紫砂壶工艺妙手如林，工艺精湛，茶具妙品如诗如画、如梦如幻，是工艺、是茶道，更是艺术。明朝的时大彬和供春，为一代紫砂壶宗师，是宜兴紫砂艺术的一代泉匠。

---

[1] 永珍：万象。名窖：名窑。五冠伦：指五大名窑。钧陶手：制陶高手。时大彬：明朝嘉靖、万历年间，宜兴紫砂壶有供春与时大彬两位制壶大师，时大彬及其弟子李仲芳、徐士衡三人，被誉为“壶家妙手称三大”。

七彩陶瓷著永珍
神州名窑互冠伦
古今谁是钧陶手
艺海芳千时大彬
中国陶瓷载于史籍是中华饮食文明之承载与其传播者茶之于陶瓷器具有如孪生兄妹相依相顾相续相禅茶因茶器而具有形态之美此之谓器韵也茶器之呈现万象而赋予茶以生命活力故中国人品茶特别注重茶器之美中国茶具制造以山水自然为尚唐宋以来有中国五大名窑之誉至今仍长盛不衰当数紫砂壶工艺影响的时大彬宗尚供春为当时一代宗师明清以降妙手如云工艺精湛其妙品如诗如画如梦如幻是工艺是茶道是中华茶文化的工艺美学经典也
石竹山人
蔡镇楚题

76 海上丝绸茶路

海风香路出宁波，永乐郑和穿玉梭。
欧亚茶缘三万里，明月唯有杯中多。[1]

此幅诗书画图之“海上丝绸茶路”，运用历史写实与意象夸张相结合的艺术手法，以郑和下西洋的历史壮举为主体，以波澜壮阔的航海船队为衬托，突出海上丝绸茶路的开创之功。可以说，郑和率领的规模巨大的中国船队，是世界航海的先驱者。

海上丝绸之路，起始于宁波、福州、广州（澳门），分为东北亚与南洋两条线路。据《明史·郑和传》记载，明朝永乐年间，郑和七次下西洋，开拓海上丝绸陶瓷茶路。此条丝绸陶瓷茶叶之路，以古明州等沿海口岸为起点，东至朝鲜、日本，南至南洋、南亚甚至东非、阿拉伯，后伴随着海上丝绸之路而发展延伸，直到西欧各国，与陆上古丝绸之路、草原之路相互辉映，形成中国茶叶与茶文化外传的海陆两大传播系统，辐射到世界各地。郑和下西洋，目的在于弘扬国威，交往各国。船队先后抵达阿拉伯半岛和非洲东海岸，是世界航海史上的奇迹，也使郑和成为世界航海第一人，比哥伦布发现美洲大陆要早近百年之久。1911年，斯里兰卡西海域的加勒市打捞出一块石碑，记录的是当年郑和下西洋船队到达斯里兰卡的情景，如今成为斯里兰卡的国宝级文物[2]。

---

[1] 香路：海上丝绸陶瓷茶路，亦称“香料之路”，因南洋出产香料，茶叶而散发出郁郁芳香。故从宁波、泉州到广州，称海上茶路为海风香路。宁波：古明州，古代中国有浙江、福建东部、广东等出海口。穿玉梭：形容郑和下西洋的次数之多和船队之快。欧亚茶缘三万里：是个地理概说，指中国茶叶与欧美大陆结缘。以其中国茶叶传播的历史而言，中国与西欧各国的茶叶贸易，最早是从澳门开始的。葡萄牙抢占澳门，将中国茶叶运至本国，成就了葡萄牙公主凯瑟琳的“饮茶皇后”之誉。

[2] 参见煮茶谈历史微信文章：“印度洋打捞出了明代石碑，内容翻译后，才知郑和下西洋的真实目的”，2022 年 6 月 15 日发表于安徽。

海風[illegible]路出寧波
永樂鄭和穿玉梭
歐亞茶緣三萬里
明月唯有杯中多

海上茶路唐宋以降以古明州为启航地东至日本与朝鲜半岛南至南洋南亚伴随海上丝绸瓷路而发展与古丝绸之路如草原之路相互辉映形成中国茶业与茶文化外传的海陆两大传播系统特别是明永乐年间郑和七次下西洋直至阿拉伯半岛和非洲东部海岸海上丝绸茶路得到史无前例之拓展郑和下西洋是中国航海史之奇迹也使郑和成为世界航海史第一人早哥伦布近百年之久也

石竹山人 蔡镇楚 题

77 | 茶马古道

山高水急过丛林，古道马帮雨霖霖。
峡谷铃声千里雪，神奇茗韵菩提心。[1]

此幅诗书画图之“茶马古道”，运用写实与意象相结合的手法，描写茶马古道的自然环境，原始丛林，激流滚滚，山高路陡，以突出中国西南茶商马帮历经横断山脉与热带雨林，于高山峡谷之中开拓茶马古道的艰险卓绝之功。

茶马古道是川滇及其他茶叶通往青藏高原及南亚地区而形成的一条茶马贸易之路，与丝绸茶路、草原茶路、海上茶路并称中国茶叶贸易的四大茶路。

茶马古道，因古代茶马互易而形成，始于唐宋，而盛于明清。后因英国殖民者在喜马拉雅山南麓的东北部印度移植中国茶树，招募收买中国茶工和制茶工艺技术，而使茶马古道延伸至印度和斯里兰卡，与通过印度洋的中国海上茶路相连接，传播至地中海沿岸。可以说，茶马古道，是中国茶叶改变世界最初形成的古老茶路。

据记载，茶马古道上的茶马商队，因为总在溪流峡谷之间行走，马背驼驮，崇山峻岭，道路崎岖，气候多变，马帮铃声总在山谷之中回荡。

---

[1] 雨霖霖：本是词牌名，此处借用形容大雨倾盆。千里雪：本指雪路茫茫，此指其路经雪山，到达的目的地也是雪域高原。菩提心：菩萨心、行善心、积德心。神奇的茶韵，马帮铃声，终于化缘而为菩提之心。

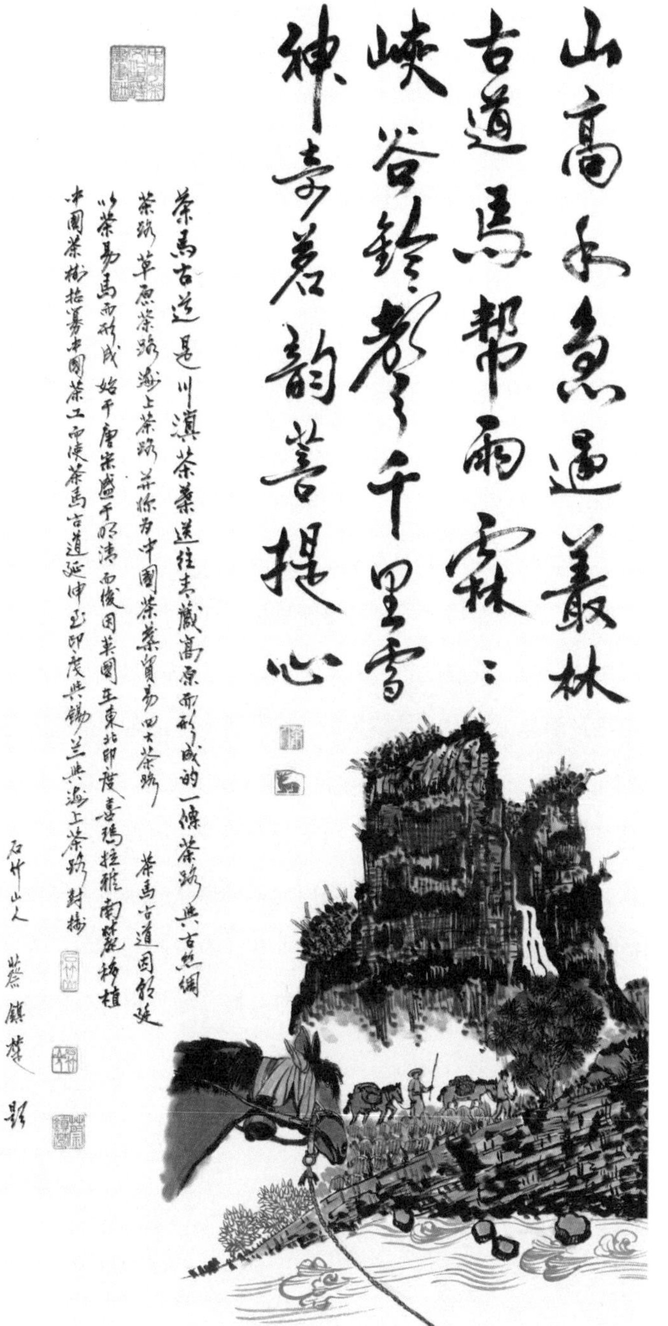
山高水急遍叢林
古道馬幫雨霖霖
峽谷鈴聲千里雪
神奇茗韻菩提心
茶馬古道是川滇茶葉送往西藏高原而形成的一條茶路，與古絲綢
茶路、草原茶路、海上茶路，並稱為中國茶葉貿易四大茶路。茶馬古道因斯延
以茶易馬而形成，始于唐宋，盛于明清，而後因英國在東北印度喜瑪拉雅南麓移植
中國茶樹，招募中國茶工，而使茶馬古道延伸至印度與錫蘭，與海上茶路對接
石竹山人 蔡鎮楚 題

78 | 云南茶树王

七彩云南茶树王，春城无处不芬芳。
马帮铃响千秋月，雪域丛林普洱香。

此幅诗书画图之“云南茶树王”，运用写实与意象化联想相结合的艺术手法，以云南千年茶树王与白族美女为主体，以白鹭、蝴蝶与云南大理崇圣寺三塔为背景，描写云南景迈山、哀牢山等茶树王与普洱茶的历史芬芳，突出中国云贵地区才是世界茶树的真正发源地。

茶树，是茶叶之根，是茶山之本。中国云南是古茶树与古茶山最集中的原产地。中国茶树分为大乔木、小乔木、灌木三大类，尤以灌木为多，而大乔木生命力最强。彩云之南是中国茶树的原产地，茶山叠翠，鸟语花香。云南普洱地区至今仍保存大片千年茶树王是中国茶文化独特的古茶树景观与珍贵遗产，以景迈山千年古茶树林为代表。

滇茶以云南热带雨林中的大叶种茶为最，以其盛产地之名，命名为普洱茶。声名远播的普洱茶其特征有四：一曰历史名茶，滥觞于唐宋，而普洱茶之名出自明朝谢肇淛《滇略》；二曰普洱茶熟普属于黑茶之列，以大叶种茶叶为原料，经过文火烘焙或木甑蒸煮、炒拌、搓揉、日晒而成散茶，然后压制而成多种形状的紧压普洱饼茶；三曰注重紧茶包装的整洁质朴之美，形状多样化，而又统一化，有沱茶、饼茶、方茶，却不花哨，始终如一，不像有些黑茶包装可随意改变，几乎一版一变，令人目不暇接；四曰注重品牌建设的整体性。普洱茶以地名命名，普洱市所有茶山都是普洱茶。又如七子饼茶，形似圆月，寓多子多富贵之意，乃普洱茶文化之精品。

七彩云南茶树王
春城無處不芬芳
馬帮铃响千條月
雪域叢林普洱香

中國茶树大致分为大乔木小乔木与灌木三种类型其中大乔木之生命力最长云南西桑版纳热带雨林地区至今保存千年茶树王 云南茶以大叶种为最以盛产地之普洱命名曰普洱茶 其基本特征有三 一是历史悠久滥觞于唐宋普茶之名出自于明谢肇淛《滇略》 二是普洱茶属于中國黑茶系列 以大叶茶种为原料经文火烘焙或木甑蒸煮炒揉搓揉巾晒或散茶然后压制为普洱紧茶 三是注重紧茶包装之美形状有沱茶 饼茶方茶之列 其中七子饼茶形似圆月寓多子多富贵之意声名远播乃普洱茶之精品也

石竹山人 蔡镇楚 题

79 | 饮茶皇后凯瑟琳

饮茶皇后绝英伦，美丽大方羽衣身。
茗作嫁妆三昧手，西欧也尽爱茶人。

此幅诗书画图写英国饮茶皇后，采用写实与夸张相结合的手法，以葡萄牙公主用中国茶叶茶具做嫁妆，嫁于英国查理二世而成为饮茶皇后的故事为主体，以英国皇宫的饮茶之风为艺术背景，突出中国茶叶的无穷魅力，揭示中国茶改变了英国人的生活方式与审美情趣，也改变了西欧与整个世界的历史格局。

西欧人品茶，以葡萄牙为先。1750年葡萄牙人率先从澳门引进中国茶种，试种失败；1820年再次引进，经过茶师指导，葡萄牙人在亚速尔圣米格尔岛种植成功，有了欧洲第一批茶园；1662年5月13日，14艘英国军舰驶入朴次茅斯海港。葡萄牙公主凯瑟琳（1638—1705年），美丽端庄，贤淑大方，姿色出众，体态轻盈，羽衣琴心，嗜饮中国红茶，是西欧最早品中国茶的皇室公主。爱茶的葡萄牙凯瑟琳公主嫁给英国查理二世时，嫁妆包括221磅红茶和精美的中国茶具，堪与金银媲美。每当闲适，凯瑟琳公主与查理二世围坐茶桌，举杯品茶，其乐融融。

新皇后凯瑟琳是品茶高手。她优雅的茶叙，令人为之倾倒，贵族小姐争相效仿，品茗成为高贵的象征。新皇后的品茗之风，逐渐感染着高傲的英国皇室，开一代饮茶之风，改变了皇室高层的饮食习气和生活情趣。此后，中国茶叶的美妙神韵，逐渐从英国宫廷传入寻常百姓家，改变了英国人的生活方式和审美情趣，开创了英国全民下午茶的一代风气，凯瑟琳因此成为西欧人景仰的“饮茶皇后”[1]。享誉欧洲的饮茶皇后凯瑟琳，是中国茶叶改变世界的“灵芽使者”，可歌可颂，明德明文，值得世界人民为之纪念。

---

[1] 此文参考过英国历史学家艾伦·麦克法兰的《绿色黄金：茶叶帝国》与小山草木记的微信文章“中国茶产业之殇——读萨拉·罗斯《茶叶大盗：改变世界史的中国茶》”等。

饮茶皇后绝英伦
美艳大方羽衣身
茗作嫁妆三昧手
西欧也於爱茶人

十六世纪葡萄牙通过澳门率先引进中国茶叶其美丽公主凯瑟琳爱茶饮茶以中国茶叶茶具为嫁妆嫁与英国查理二世新皇后举办宫廷茶会品茶论道令人倾倒引为时尚开下午茶之风改变时人的生活方式和审美情趣倍受作家们赞颂演绎出一股中国热人们尊她为饮茶皇后

石竹山人蔡镇楚题

80 东方美人

日月潭边瑞草英，高山茗韵杯中情。
东方美女绿裙舞，飞动五洲梦太平。

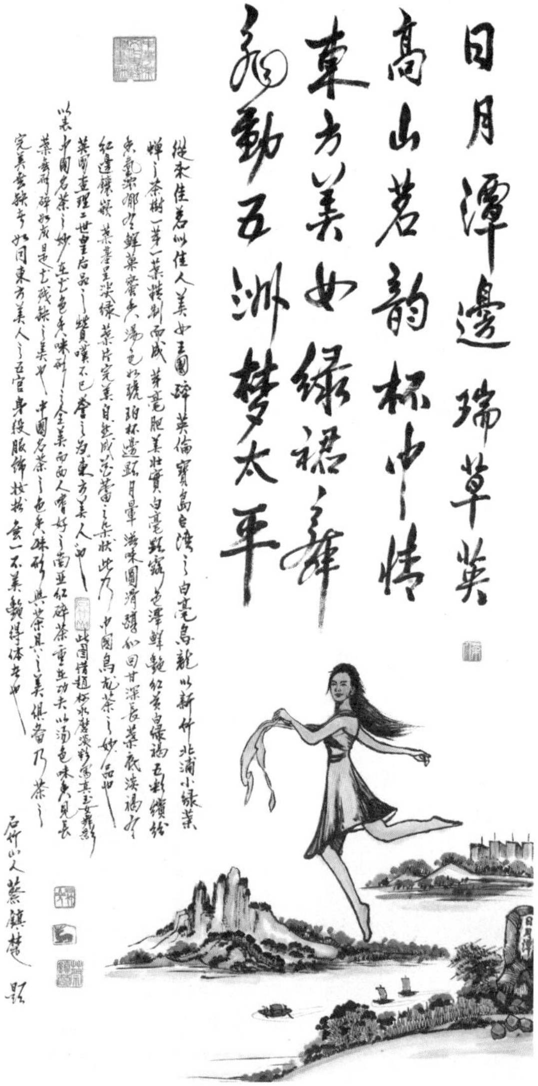

此幅诗书画图描写台湾出产的东方美人茶，以临摹写真与极度夸饰的艺术手法，以现代东方美人的舞姿为中心[1]，以台湾高山茶园与茫茫海峡为背景，衬托现代美女的舞姿之美，浪漫的笔调、飘逸的姿态、灵动的韵律，辅之以海峡两岸美丽的茶园，碧波荡漾海峡，描写英国饮茶皇后凯瑟琳赞赏不绝的中国乌龙茶——宝岛台湾出产的白毫乌龙“东方美人”。

从来佳茗似佳人，美女醉煞了英伦。宝岛台湾盛产乌龙茶和工夫红茶，那里有中国海拔最高的自然生态茶园，其梨山茶园海拔高达2600米。台湾出产的白毫乌龙，以新竹、北浦等地小绿叶蝉之茶树一芽一叶精制而成，芽毫肥美壮实，白毫显露，色泽鲜艳，红、黄、白、绿、褐五彩缤纷，香气浓郁，有鲜果蜜香，汤色如琥珀，杯边有月晕，滋味圆滑醇和，回甘深长。叶底淡褐，有红边镶炭，叶基呈淡绿，叶片完美，自然成花蕾之朵状，如同美女西施，乃中国乌龙茶之妙品。英国查理二世、饮茶皇后凯瑟琳品尝后，赞叹不已，称誉其为“东方美人”。

“东方美人”之喻，是中国茶叶的荣耀。先前人们过于追求口感滋味，中国名茶之妙，究竟妙在何处？妙在色香味形之美。而西方人嗜好之南亚红碎茶重在工夫，以汤色香味见长。叶无形，碎如粉末灰尘，看不到叶片、叶底和叶基，属于一种残缺之美。中国名茶之美，色香味形与茶具之美，样样俱全，可观色、可品味、可闻香、可辨形，视觉、味觉、嗅觉完美无缺，如同东方美人之五官俱全、身段服饰装扮，无一不美艳得体。

[1] 此美女图像，曾参阅《长沙晚报》2010年1月26日第17版所刊赵柯水墨淡彩写真玉女舞影，特对作者深表感谢。

81 乾隆皇帝嗜茶

乾隆皇帝慕茶仙，六巡杭州龙井前。
米寿茶诗三百首，味甘书屋味茶禅。

此幅诗书画图之“乾隆皇帝嗜茶”，以写实的艺术手法，以皇帝乾隆品茶为中心，以戈壁月牙泉之山川形胜与奔驰的乾隆皇帝车驾为背景，描写乾隆皇帝品茶论道的历史，突出中国茶叶在改变世界格局过程中的无穷魅力。

英国有饮茶皇后，中国有饮茶皇帝。清朝乾隆皇帝是名副其实的饮茶皇帝。他酷爱龙井茶，六次巡幸杭州；他设置味甘书屋，品茶读书，得米寿八十八岁，而名扬中外。他在位六十载，开创康乾盛世和乾嘉学派，撰有《御制诗集》，有诗近五万首，相当于一部《全唐诗》。他年高宣布退位时，大臣挽留着说：“国不可一日无君。”乾隆皇帝笑着回答：“君不可一日无茶。”他所著茶诗有两三百首，可与南宋陆游茶诗比肩。

乾隆皇帝于中华茶文化贡献最著：一是酷爱雨前茶，即谷雨节前采制的茶叶；二是啜苦咽甘，崇尚一味茶，称茶之美以苦也；三是提倡茶禅一味，赐名三塔寺为茶禅寺，使茶禅一味成为国之正统而完整的茶禅论体系；四是推崇北京西郊玉泉山的玉泉水，认为水以最轻为佳，故以玉泉水为天下第一，金山第二，惠山第三，推翻唐宋以来以庐山谷帘水和扬子江南冷水为最的历史定论。乾隆年间，中华茶业及其茶文化高度繁荣发展，与乾隆皇帝的嗜茶和大力提倡分不开。

乾隆皇帝慕茶仙
六巡杭州龍井前
出壽茶詩三百首
味甘書尾味茶禪

清乾隆皇帝以艺嗜茶成癖得米寿八十八岁而名扬中外在位六十余年是名副其实的饮茶皇帝一生创作诗歌近五万首相当于一部全唐诗仅茶诗则有三百诗之多对中华茶文化贡献尤著：一宠爱雨前茶二崇尚一味茶禅茶之美以苦也三是提倡茶禅一味将三塔寺改为茶禅寺四是推崇玉泉水认为水以轻为佳故以北京玉泉为天下第一而金山为第二惠山泉为第三从而推翻唐宋以来以庐山谷帘水与扬子江中泠水为第一的历史定论乾隆在位开创康乾盛世与乾嘉学派乃是中国茶业及中华茶文化繁荣兴旺时期垄断世界茶叶贸易市场

石竹山人蔡镇楚书

82 | 蒲松龄写《聊斋志异》

柳泉有意写聊斋，煮茗递烟寻素材。
路上行人谈故事，归来创作月徘徊。

此幅诗书画图写作家蒲松龄撰写《聊斋志异》的故事，运用写实与怪诞相结合的艺术手法，以清茶与旱烟为媒，以柳树为背景，描写蒲松龄创作文言志怪小说《聊斋志异》的过程，突出茶与烟对于成就蒲松龄文学创作事业的意义。蒲松龄以清茶与香烟敬人，请路人讲述千奇百怪的民间故事，来获得小说创作素材，从而成就了一代文言短篇小说大师。

蒲松龄（1640—1715年），字留仙，号柳泉居士，山东淄博人。他是清代著名小说家，撰有文言小说《聊斋志异》491篇。相传，蒲松龄创作《聊斋志异》时，每天清晨带着书童，携一大茶缸，装满茶水，具烟一包，放置行人大道旁，坐在石头芦草上，每见行道者经过，便向其敬茶递烟，请他坐下来聊天，讲述所见所闻的民间故事，搜奇说异，随人所知。偶得一奇闻逸事，他便记录在册，归家而写成文言短篇小说。如是而为，经历二十余寒暑，蒲松龄终写成《聊斋志异》。

柳泉有意寫聊齋
煮茗遞烟尋素材
路上行人談故事
歸來創作月緋細

蒲松龄 字留仙 号柳泉居士 山东淄博人 清代著名小说家 撰有文言小说聊斋志异传世凡四百九十篇 相传创作此小说之际苦于缺少素材 他每天自备一缸茶水几包香烟 坐在大路边的柳树下 凡有人路过便敬茶递烟 请他讲故事 搜奇记异 偶得奇闻异事则记录在册 回家后再加以粉饰 而成一篇文言短篇小说 如是而为 历时二十余载 日积月累而成煌煌巨著 题名曰聊斋志异

石竹山人 蔡镇楚 题

83 | 随园弟子茶诗

随园弟子性灵多，品茗赋诗乐唱和。
一缕茶烟一缕梦，才情脉脉逐清波。

此幅诗书画图，运用山水实景描写与意象化相结合的艺术手法，以想象中的随园秋色茶韵为主体，描绘大诗人袁枚的随园弟子茶诗之清新可人。

清代著名诗人袁枚（1716—1798年），字子才，号简斋。浙江钱塘（今杭州）人。33岁时辞官，袁枚卜居南京小仓山随园，聚徒讲学，思想开放，人称“随园先生”。他的学生，男女兼收，以女弟子为多，人称“随园弟子”。袁枚是著名的诗话大家，撰著有《随园诗话》十六卷，论诗主性灵，开创性灵诗派。

袁枚的性灵说与王士祯的神韵说、沈德潜的格调说、翁方纲的肌理说，是清代诗话理论体系之中的四大学说。这批诗家皆以品茗赋诗论道为乐，其中袁枚的随园弟子尤最，一部《随缘女弟子诗选》更是一缕茶烟一缕梦，境界之美甚于时人。史传，袁枚到长沙，亲见湘江水之清澈见底，曾兴致盎然地以湘水煮茶赋诗，高度赞颂湘水品茗之美不胜收，不啻历代湘茶神韵之最。

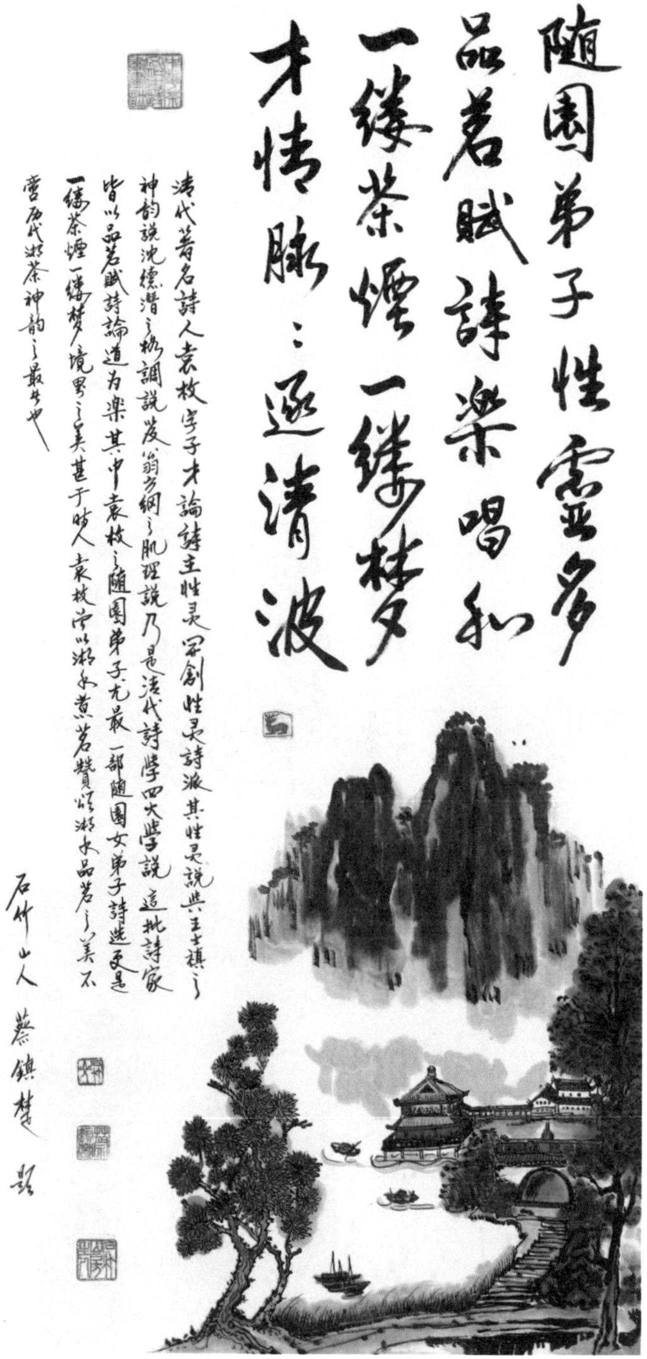
随园弟子性灵多
品茗赋诗乐唱和
一缕茶烟一缕梦
才情脉脉逐清波
清代著名詩人袁枚字子才論詩主性灵開創性灵詩派其性灵說與王士禛之
神韵說沈德潛之格調說翁方綱之肌理說乃是清代詩學四大學說 這批詩家
皆以品茗賦詩論道為樂 其中袁枚之隨園弟子尤最 一部隨園女弟子詩選更是
一縷茶煙一縷夢境界之美甚于時人 袁枚常以泉水煮茗數賞以泉水品茗之美不
啻歷代泉茶神韵之最也
石竹山人 蔡鎮楚 題

84 厉鹗以书易茶

纪事宋诗厉鹗书，皇皇巨著百卷余。
以书易茗成佳话，千古美谈岚岫舒。

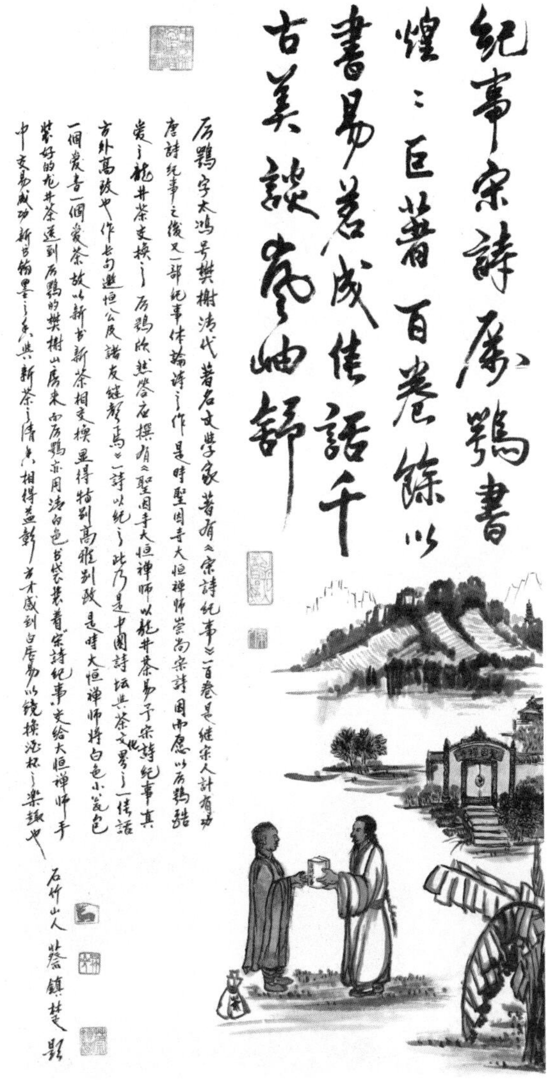

此幅诗书画图写大学者厉鹗以书《宋诗纪事》易茶的故事，采用大笔勾勒与写实的笔法，以大学者厉鹗与圣印寺大恒禅师为主体，描写他们之间以书易茶的故事。

中唐时代，大诗人白居易用一面古镜去换了酒杯，传为美谈。还有一位嗜茶如命的国学大师，用自己的心血巨著换龙井茶，是学术界的千古奇闻。这位学者就是清代的厉鹗。

厉鹗（1692—1752年），字大鸿，号樊榭，浙江杭州人，清康熙五十九年（1720年）举人，乾隆元年（1736年），荐举博学鸿词未中。厉鹗是清代著名文学家，著有《宋诗纪事》一百卷，是继宋人计有功《唐诗纪事》之后又一部重要的纪事体论诗著作，耗费了厉鹗一生的心血。

厉鹗爱茶，视茶如命。杭州圣因寺大恒禅师崇尚宋诗，愿以龙井茶交换厉鹗《宋诗纪事》。于是，厉鹗抱着皇皇巨著《宋诗纪事》的稿本来到圣因寺。大恒禅师与他品茶，翻翻这部巨著，试探性地问道："您舍得？"厉鹗拿着大禅师交换的龙井茶，毫不犹豫地回答："只要大禅师喜欢，我就舍得。"回到家里，厉鹗令书童沏茶，茶香扑鼻，回味甘甜。有感于此，厉鹗作《圣因寺大恒禅师以龙井茶易予〈宋诗纪事〉，真方外高致也，作长句邀恒公及诸友继声焉》一诗云：

新书新茗两堪耽，交易林间雅不贪。

白甄封题来竹屋，缥囊珍重往花龛。

香清我亦烹时看，句活师从味外参。

舌本眼根俱悟彻，镜杯遗事底须谈。

厉鹗以《宋诗纪事》交换龙井茶之事不胫而走，自此广为传播，成为中国茶文化史上一段佳话。一个爱书，一个爱茶，故以新书、新茶相互交换。大恒禅师将白色小瓮包装好的龙井茶送到樊榭山房来，厉鹗亦用青白色书袋装着《宋诗纪事》交给大恒禅师，新书翰墨之香与新茶之清香，相得益彰，方才感到唐代诗人白居易以古镜交换酒杯的无穷乐趣。

85 波士顿茶党案

遥想二百多年前，北美怒涛毁茗船。
波士顿人齐奋起，英商茶叶化云烟。

此幅诗书画图写北美波士顿倾茶事件，以写实的笔法，以美国开国总统华盛顿为主体，以北美殖民地波士顿倾茶事件为历史背景，揭示茶叶改变世界政治格局的历史事实。

中华茶叶是灵芽、甘露，是健康之饮，其一芽一叶亦犹如“枪旗”。自从西方殖民者染指其中，茶叶由灵芽变成了枪炮，一缕缕茶烟化作了血与火的战场拼杀。1773年12月，北美波士顿人举行大集会，抗议英国殖民地茶税与茶叶垄断政策。12月16日，示威者们乔装成印第安人，悄然爬上英国东印度公司的商船，将342箱来自中国的茶叶全部投入大海，此乃闻名于世的波士顿茶党案。从此，北美殖民地人民在华盛顿的领导下，展开八年之久的独立战争。1783年，华盛顿宣告北美十三个殖民地正式脱离英国而独立，美利坚合众国在美洲大陆诞生。

战争是血腥的杀戮、是残酷的掠夺，但愿世界不要违背中华茶文化“以和为贵”的本质特征与善良初心。

遥想二百多年前
北美怒濤毁茗船
波士頓人齊奮起
英商茶葉化雲
煙

中華茶葉本是灵芽甘露健康之飲，自從西方殖民主義者染指之中，茶葉變成槍炮，茶煙化为血與火的屠殺。公元一七七三年十二月北美波士頓人大集会，反對英國殖民地茶稅與茶葉壟斷。月明星稀之夜，十几名波士頓青年悄然爬上英國東印度公司停泊于港口的商船，將其三百四十二箱中華茶葉投下大海，此乃聞名中外的波士頓茶党案也。從此北美殖民地人民展開八年之久的独立戰爭。一七八三年華盛頓宣告北美十三個殖民地正式脫離英國而独立，一個美利坚合衆國誕生在美洲大陸。

石竹山人蔡鎮楚題

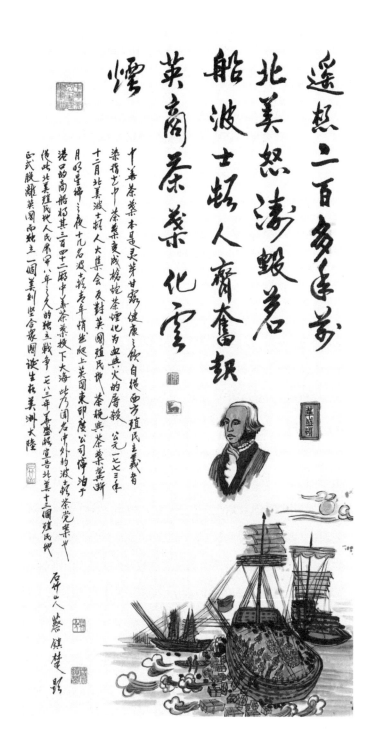

86 茶与鸦片战争

风情万种胜貂蝉，茶叶市场起烈烟。
烽火虎门豪气在，英伦炮舰正呜咽。

此幅诗书画图之“茶与鸦片战争”，以写实的笔法，以清政府任命林则徐禁烟、焚烧鸦片为中心，描写英帝国主义为解决中国茶叶贸易导致的逆差而大量向中国倾销鸦片的罪恶事实，引发两次西方列强瓜分中国的鸦片战争。

这是一场因茶引发的贸易战，英国殖民者与古老的茶叶王国发生的两次鸦片战争，导火线就是茶叶贸易。茶叶贸易战，没有硝烟，只有茶烟；鸦片战争，因为鸦片烟而演变为战火硝烟。

茶叶有利可图，美女风情万种。貂蝉以姿色使董卓和吕布反目成仇。中国茶叶如同风情万种的东方美人，为何让英国殖民者与茶叶王国为敌？原来茶之为饮，可敌西人。西方人因为饮茶而染有卢仝之癖，年年岁岁，尽向中国输入数十万两黄金白银。中国茶叶促进了英国的工业革命，改变了英国人的生活方式，成就了西欧的绅士风度，却使中英贸易逆差越来越大。英国殖民主义者却以怨报德，以卑鄙手段对付中国：一是在喜马拉雅山南麓的印度引进中国茶工、茶种、茶树和技术，种植制作茶叶；二是在孟加拉制作鸦片，向中国倾销鸦片烟。鸦片烟之毒甚于蛇蝎，中华民族处于种族危机之中[1]。1840年，林则徐临危受命，以钦差大臣身份到广州禁烟，在虎门公开销毁鸦片。英国借机发动第一次鸦片战争。历史充分证明，两次鸦片战争的导火线是虎门销烟运动，而其根源乃是中英茶叶贸易之争。鸦片战争后，中国沦为半殖民地半封建社会，中华民族遭受了前所未有的劫难。

---

[1] 参见清人林昌彝《射鹰楼诗话》12卷清刻本，收录于蔡镇楚编《中国珍本诗话丛书》第21册影印本，北京图书馆出版社2004年12月刊本。

风情争种胜貂蝉
茶叶市场热烈烟
烽火虎门豪气在
英伦炮舰正鸣咽

貂蝉是三国之美女，以其姿色而使董卓与吕布反目。茶之为饮，可敌西人诗钦之茶叶贸易，使西人也染有卢仝之癖，步步争输百万钱。中英茶叶贸易逆差越来越大，英人以两手应对中国：一是在喜玛拉雅山南麓引进中国茶工种植制作茶叶；二是在孟加拉制作鸦片烟倾销于中国。鸦片之甚于蛇蝎，中华民族处于种族危机之中。林则徐临危受命，以钦差大臣身份前往广州禁毒，在虎门销毁鸦片。英国借机发动鸦片战争，时在一八四零年。历史证明，中英鸦片战争其导火线是虎门禁烟运动，而其根源乃是中英茶叶贸易之争也。

石竹山人 蔡镇楚题

87 | 左宗棠茶票法

陕甘总督左宗棠，雷厉风行改旧妆。
整顿官茶谋发展，惠民票法泽羌湘。

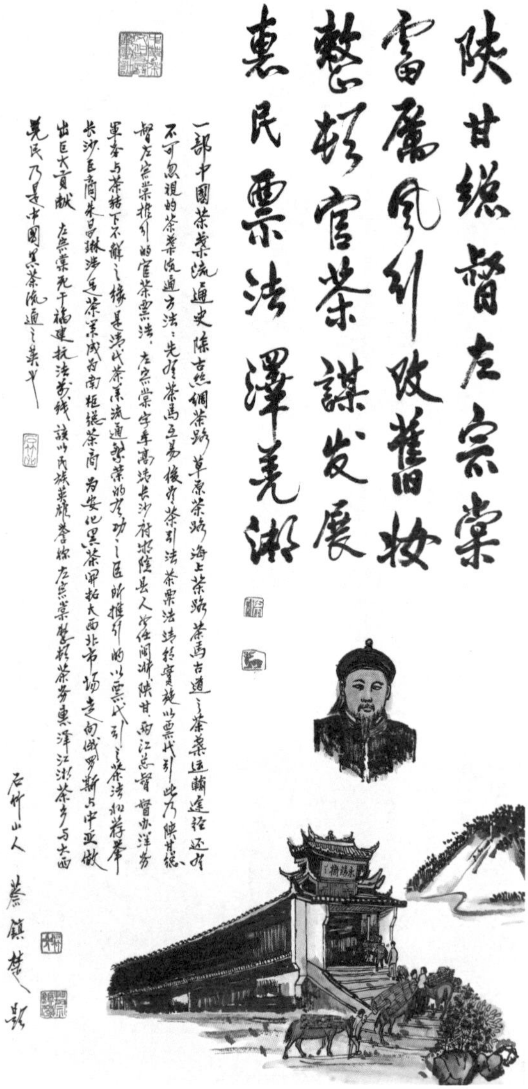

茶之为饮，由“柴米油盐酱醋茶”的民生产业，发展为“琴棋书画诗酒茶”的中华茶文化，又逐渐发展成为国家的一种战略物资。这种种演变，都反映了茶叶流通的过程及发展趋势。一部中国茶叶流通史，除古丝绸茶路、草原茶路、海上茶路、茶马古道等茶叶运输途径，还有不可或缺的茶叶流通方法——先是茶马互市，后有左宗棠推行的茶引法、茶票法。

此幅诗书画图写左宗棠茶票法，以写实的艺术笔法，以晚清硬汉左宗棠的画像为中心，以安化黑茶标志性建筑永锡桥的黑茶商队为衬托，描写左宗棠推行茶票法对振兴黑茶产业的历史贡献。

左宗棠（1812—1885年），字季高，长沙湘阴人，曾任闽浙、陕甘总督、两江总督、督办洋务。左宗棠整顿茶务，惠泽江湘与大西北民众。他启用长沙首富朱昌琳，参与茶叶流通行业，成为著名的湖南黑茶茶商，使之成为与晋陕茶商的北柜平起平坐的南柜，为湖南黑茶开拓大西北市场和走向世界做出了贡献。他戎马一生，安边守土，收复新疆，巩固东南海防。清同治以来，中亚阿古柏入侵南疆；沙俄侵占伊犁，企图霸占北疆。李鸿章主张放弃“塞防”，散布“出兵必败”之论。左宗棠力排众议，以古稀之年，“扶榇（棺材）西征”，督军严明，“勿淫掠，勿残杀，王者之师如时雨”。得各族民众支持，清军所向披靡，“一月驱骤三千余里”，以雷霆万钧之势，收复新疆南北，屯垦边疆。左宗棠晚年督军闽台，抗击法国殖民者，死于抗法前线。

他纵横疆场，转战万里，文武兼备，不愧是“晚清硬汉”。《清史稿》称：“宗棠有霸才，而治民则以王道行之。”林则徐感叹：“一见倾倒，诧为绝世奇才。”曾国藩评价：“论兵战，吾不如左宗棠；为国尽忠，亦以季高为冠。国幸有左宗棠也。”梁启超称他是“五百年以来的第一伟人”。

88 | 茶叶科技间谍

列强掠夺日猖狂，间谍专家入茗乡。
偷窃茶种和技术，山南荒地换新装。

此幅诗书画图写茶叶科技间谍，以写实与意象化的笔法，以英国派遣的茶叶科技间谍罗伯特·福琼为主体，以中国绿色茶山和海水为背景，揭露西方列强盗取中国茶种与制茶技术的真相。这位植物学家到头来没有得到东印度公司许诺的500万英镑的丰厚报酬，却落得个茶叶间谍的臭名。对中国茶叶来说，这位英国植物学家罗伯特·福琼是有

罪的科技间谍；从世界茶叶科技来说，他是一位使中国茶叶走向世界的重要推手与国际功臣。

中国茶种、茶道、茶艺之外传，最先是日本与朝鲜半岛的唐朝留学僧带走的。欧美人想移植中国神奇的茶树。瑞典人欧斯贝克来中国旅游，在广州买到一株茶树带回国。轮船起航之时，人们欢呼雀跃，却一不小心，茶树掉进大海里……

在国际茶叶贸易中，英国为扭转对中国茶叶的依赖，指派茶叶科技间谍秘密来华，盗取中国茶树。植物学家罗伯特·福琼（1812—1880年），受英国皇家园艺协会和东印度公司派遣，1839—1860年间曾四次来华以调查植物品种名义，盗走中国茶树种子和制茶技术，是世界上最早的茶叶科技间谍。

1848年之夏，英属东印度公司先后雇用英国园艺学家罗伯特·福琼，乔装打扮，秘密潜入中国的休宁与武夷山茶区，与茶农、茶工们生活在一起，刺探与学习中国茶树栽培、茶园管理，采茶、制茶、茶叶分类技术，茶叶包装、茶叶销售等技术。一年后，福琼将早已准备好的茶树、茶种装船运往香港，转运东印度公司，在印度尼西亚与印度北部的喜马拉雅山南麓试种，结果失败。他又返回到武夷山，打听茶道秘密，又乔装成知识界名流，考察红茶工艺，并招聘八名茶工（其中六名种茶和制茶工，两名制作茶叶罐工）。1851年2月，他运走2000株茶树小苗、1.7万棵茶树发芽种子。而后他和招聘的茶工们乘坐满载茶种和茶树苗的船顺利抵达加尔各答。中国茶农精湛的栽培技术，使喜马拉雅山南麓的山坡茶园郁郁葱葱。1853—1856年，福琼再到中国生活3年，进一步考察福州花茶工艺，招聘更多中国茶工到印度，帮助英属东印度公司扩大茶叶种植规模[1]。

这就是中国茶种与制茶技术的外传路径，既有西方科技间谍刻意盗取，也有中国茶农茶工有意无意之中成为帮凶，他们都是中国茶叶改变世界的直接推手。此后，南亚次大陆茶园的崛起，西方茶叶制作技术的机械化生产，逐渐取代了中国茶叶的传统工艺，中国茶叶陷入了百年衰落的境地。

---

[1] 此文参考过英国历史学家艾伦· 麦克法兰的《绿色黄金：茶叶的故事》；中国茶叶博物馆2015—12—18《茶叶大盗——罗伯特·福琼》与小山草木记的微信文章“中国茶产业之殇——读萨拉·罗斯《茶叶大盗：改变世界史的中国茶》”等，特致谢忱。

89 葡萄架下黑茶歌

故国祥云次第开，草原戈壁玉泉来。
官茶幸运大西北，各族清和共茗杯。

这是大西北的黑茶赞歌，这是少数民族兄弟的生命欢歌。

此幅诗书画图之写大西北少数民族兄弟的茶歌曼舞，以意象化与写实相结合的艺术手法，以欢快的笔调描写大西北葡萄架下维吾尔族茶人饮用优质黑茶时的欢唱曼舞。

中国大西北牧区是黑茶的畅销地区，那里流传着“宁可三日无粮，不可一日无茶”的民间谚语。从茶马互市到明清官茶，再到新中国的边销茶，为改善牧区人民的生活方式、保障身体健康、促进各民族大团结做出了巨大贡献。官茶，是历史名词，是国家的茶文化符号，是中国各民族之间平等相处的象征。大西北游牧民族的饮食生活以肉食奶品为主。黑茶有助于消食降血脂、降血压、降血糖。为确保大西北游牧民族的饮食安全，从唐、宋、元、明、清至于当今，历代朝廷采取“以茶易马”的官茶政策，特别是清朝陕甘总督左宗棠推行以票代引改革，有力地促进官茶之销售流通。湖南、湖北、云南、四川、广西等地之黑茶大发展，其中湖南黑茶贡献尤大，被誉为草原之玉液，戈壁之甘泉，古丝绸之路上的神秘之茶。新中国成立后，国家实施“边销茶”政策，将黑茶定为边销茶，十大黑茶厂家尽心尽力生产边销茶，由国家民委统一管理调配，专门销往大西北少数民族居住地区，以解民生之急。

故园锦云次第开
草原戈壁玉泉来
官茶幸运大西北
各族清和共茗杯

官茶是历史名词，是国家文化符号，是中国各民族平等共处的历史缘起。大西北游牧民族饮食生活以肉食奶品为主，黑茶有助于消食降脂，故流传“宁可三日无粮，不可一日无茶”之谚语。为确保大西北民众饮食安全，从唐宋元明清至今，国家将黑茶定为官茶，专销大西北地区，以解民生之急也。特别是清代陕甘总督左宗棠推引以票代引改革，有力促进官茶之销售流通。湖南、湖北、云南、四川、广西等地之黑茶大发展，其中湖南黑茶贡献尤大，被誉为草原之玉液、戈壁之甘泉、古丝绸之路上的神秘之茶。官茶者，黑茶也。黑茶之特殊工艺、特殊功能和特殊地位决定它是茶叶王国的王者。湖南安化千两茶更是名副其实的安化黑茶王。茶叶王者归来！

石竹山人 蔡镇楚 题

官茶乃国家战略国家意志也，藏蒙疆下西北牧民手捧千两茶茶饼欢快地放唱安化黑茶之歌也

90 世界茶王是怎样炼成的

雪峰云雾化尘缘，百炼千锤七七眠。
直上苍穹千仞尺，茶王拱月惊世贤。[1]

此幅诗书画图之写世界茶王——安化千两茶的手工制作场景，以素描写实的艺术手法，以千两茶踩制工艺为主体，描写茶工们制作世界茶王的惊心动魄的场面，以突出世界茶王及其踩制工艺的阳刚豪壮之气，填补了茶美学原先唯有阴柔之美、缺乏阳刚之美的历史空缺。

安化千两茶，系紧压黑茶，以花格篾篓包装，里面加了三层蓼叶、棕叶、竹篾包装成圆柱形；从茶叶选料、配方、筛选、七星灶烘烤到渥堆发酵、蒸煮、装篓、压紧、封口扎紧，再到人工紧压、夯实、日晒夜露，一支成品出厂，大凡要经过72道工艺，时间长达七七四十九个日夜之久。经过千锤百炼的千两茶，呈圆柱形，高度1.65米左右，重量16两制老秤1000两，是名副其实的世界茶王，如老子所称的能生万物的“一”字，像撑天柱、金箍棒、镇海银针，粗犷博大、威武雄壮，气势非凡，颇具世界茶叶难得的阳刚之美。

中国茶人可以自豪地宣布：世界茶王在中国。千两茶，“世界只有中国有，中国只有湖南有，湖南只有安化有”。今之茶商为炒作计，而企图以制作“万两茶”取代“千两茶”，实际上不可取，也是对“世界茶王”的背叛，令人不屑一顾。

[1] 雪峰：指雪峰山脉。七七眠：指千两茶成品日月之光华，才能出厂投放市场。千仞尺：比拟千两茶形态之高。惊世贤：使世贤感到震惊。

雪峰雲霧化塵緣
百煉千錘七七眠
直上蒼穹千仞尺
茶王拱月憬世賢

安化千兩茶 系緊壓黑茶 以花格篾簍包裝 呈圓柱形 高一米五 淨重老秤一千兩 折重三十六點二五公斤 以特殊之藝製作而成 後放置曬場日曬夜露七七四十九天 吸天地之靈氣 聚日月之光華 安化千兩茶粗獷博大豪放神奇 如同鎮海神針 恰似男性陽物 蘊涵老子一生萬物之一字 頂天立地 世界只有中國有 中國只有湖南有 湖南只有安化有 乃是名符其實的世界茶王 千兩茶是歷史的寧馨兒 而今安化茶人特製的萬兩茶即是對世界茶王的襲承與背叛也

石竹山人 蔡鎮楚 題

91 山水黔茶

黔山秀水尚天然，鸟语花香啼杜鹃；
杯底绿芽神韵在，壶中岁月乐茶仙。

此图之写贵州山水黔茶之美，采用意象化的手法，以贵州黄果树瀑布为背景，以偌大的都匀茶壶为意象，描写黔茶的历史文化底蕴与现代辉煌。

好山好水出好茶。湘鄂黔渝四省市，大多属于武陵山优质茶叶产区，山高多云雾，雨水适中，土壤肥沃，水质甜美，茶园叠翠，产茶历史悠久，人文底蕴深厚，是中国优质绿茶的主要原料基地与北纬30° 神秘文化带。

黔茶，以绿茶闻名于世，云雾缭绕，气候宜人，绿源千里，灵芽滴翠，神韵醉仙。贵州绿茶，可与贵州茅台媲美。一酒一茶，一阳刚一阴柔，刚柔相济，将古典美学“阴柔之美”与“阳刚之美”两大审美范畴体现得淋漓尽致。紧紧抓好茅台酒与黔茶两大支柱产业的发展势头，可以打造贵州以生态旅游消闲产业促进社会文明发展，迅速腾飞九天的两大翅膀。

如今，贵州都匀建造的天下第一壶，高高矗立在黔山秀水之间，还望这把偌大的天下第一壶的茶水，能够像国酒茅台一样醉煞天下、名满天下。

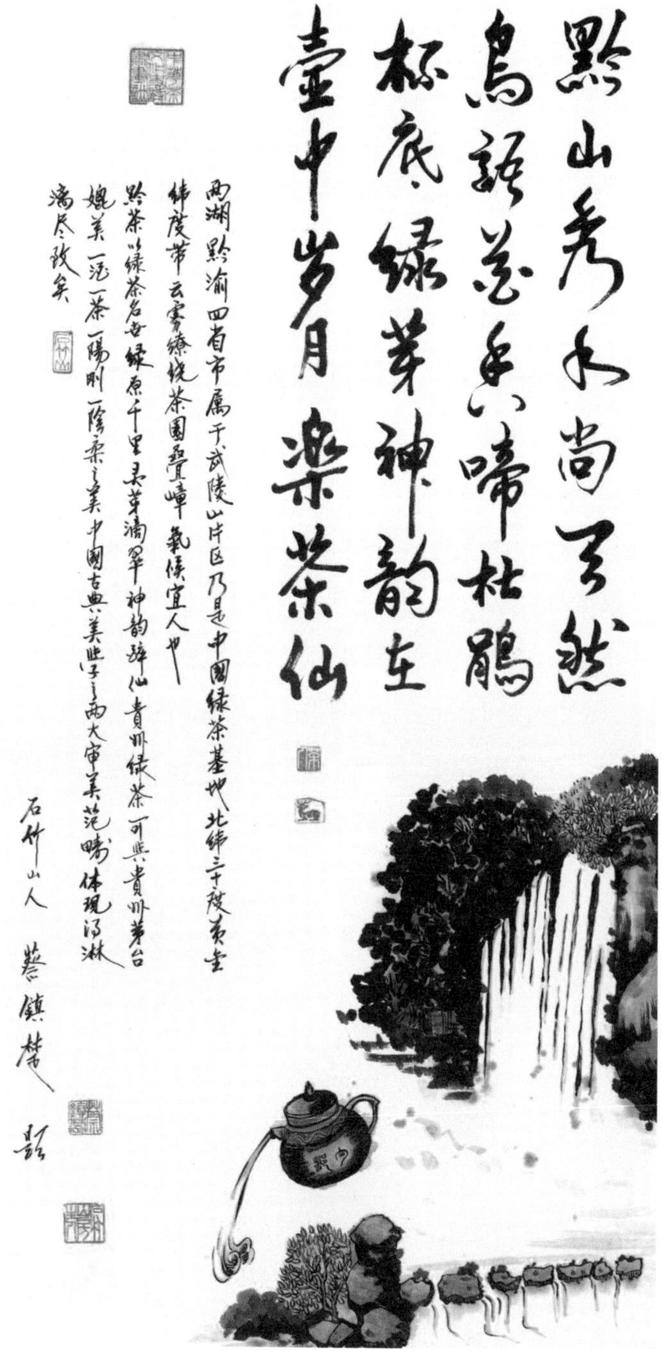
黔山秀水尚自然
鳥語花香啼杜鵑
杯底綠芽神韻在
壺中歲月樂茶仙
兩湖黔渝四省市屬于武陵山片區乃是中國綠茶基地北緯三十度黃金緯度帶云霧繚繞茶園疊嶂氣候宜人也
黔茶以綠茶名世綠原千里具芽滴翠神韻踪仙貴州綠茶可與貴州茅台媲美一泡一茶一陽剛一陰柔之美中國古典美學之兩大審美范疇體現淋漓盡致矣
石竹山人 蔡鎮楚題

92 净土灵芽

大梵天，小梵天，净土灵芽九牧天，菩提万福泉。
梵众天，梵辅天，创造之神三重天，神州美梦圆。[1]

《长相思》

此幅诗书画图之描绘梵净山净土灵芽，以写实与意象化相结合的艺术手法，以梵净山的标志性蘑菇石与金顶峰为主体，以高山茶园为背景，构建梵净山地区茶园的绿色画面，显示“净土灵芽”的品牌特征。

神奇的梵净山，位于贵州省东北地区的铜仁市，是中国唯一以佛教净土宗教义“梵天净土”命名的名刹大山，也是中国武陵山脉的最高峰，海拔2494米。这里是中国优质绿茶的主产区，也是世界灌木型茶树的最佳产地，属于北纬30° 中国优质绿茶黄金产业带与神秘文化带，地势、气候、土壤、雨量充足、云雾缭绕、森林覆盖，绿色环保，从未受过工业污染，是中国茶叶不可多得的集中产地，特别是思南县梵众茶业的“净土灵芽”，经过实地考察，其高山茶园，面积大，茶质好，氨基酸含量高，属于浙江安吉白茶品种之变异，我特地为其品牌命名为“净土灵芽”。

[1] 梵天，也叫梵摩天，佛教名词。佛经称色界有三重天，即梵众天（梵民所居）、梵辅天（梵佐即管理者所居）、大梵天（梵王所居）；净土，即梵天净土，梵净山因此得名，属于佛教净土宗。创造之神，是指印度婆罗门教以教主为创造之神。

淨土灵芽

長相思

大梵天小梵天淨土灵芽九牧天
菩提萬福泉　梵众天梵輔天
創造之神三重天神州美夢圓

貴州梵淨山位于貴州省東北部系武陵山脈之主峰此乃中國佛教唯一以淨土宗教義梵天淨土命名的名山屬于中國茶区北纬三十度黄金纬度帶優質綠茶產區其高山茶園層巒疊峰茶葉飄香其中之思南優質綠茶系浙江安吉白茶之變种氨基酸含量高達百分之九我為之命名曰淨土灵芽也

石竹山人蔡鎮楚題

93 | 大榕树下的岭南茶

海风彩蝶碧云天，南国灵芽满故园。
曾梦丹霞杨柳月，红裙飞舞相思泉。

此幅诗书画图之写大榕树下的岭南茶之美，以意象化的艺术手法，以如伞如盖的大榕树以及大榕树下的品茶论道的人为形象化标志，描写岭南两广茶区之美丽多姿与兴旺发达。

海风催芽，碧波流香，丹霞映月，红豆芬芳，此乃岭南茶乡之美也。从两广到台海，岭南茶风如南海观音的彩云佛光，也如花蕊串串的相思树，独具岭南茶文化特征：一是茶史悠远，茶饮之习源于秦汉，秦始皇南巡南越，南越王尉佗归汉，始开岭南饮茶之风；二是地域环境沿海，故多以乌龙茶与英德红茶为主体，而辅之以绿茶、六堡黑茶，其中凤凰单丛与潮州工夫茶、英红九号是著名品牌，在东南亚与欧非大陆深受青睐；三是以民生为尚，广州与民间的早茶之习风行，民间茶点与茶饮市场相当发达繁荣；四是茶文化视野极为开阔，孙中山之言“茶为国饮”、梁启超之论英伦茶习、黄遵宪之论日本茶道、容闳《西学东渐记》之述等，开启了中国人之茶学新境界；五是岭南茶业注重出口贸易，广州是海上丝绸茶路的要道，是明清以降中国茶叶出口基地之一，岭南茶人和众多华侨远涉重洋，是中国茶叶海上丝绸茶路之开创者和中国茶叶改变世界、中华茶文化远播海外的积极推动者。

海风彩蝶碧云天
南国灵芽满故园
茶梦丹霞杨柳月
红裙飞舞相思泉

海风催芽 波涛流光 丹霞映月 红豆芬芳 此乃岭南茶乡之美也
从西广州台海岭南茶风味独具文化特征明显 一是茶史悠远源于秦汉 秦始皇南巡
南越王尉佗归汉始开茶饮之风 二是地域环境沿海故以乌龙茶为主体兼辅之以红茶绿茶
黑茶 三是以民生为尚 杨饮早茶之习风行民间 茶饮茶点市场繁盛 四是茶文化视野宏阔 孙
中山首倡"茶为国饮" 梁启超之论英伦茶习 黄遵宪之论日本茶道 容闳之西学东渐之述 并启中国人
之茶学眼界 五是岭南茶业注重出口贸易 广州系茶叶出口基地 岭南茶人和众多华侨远涉重洋 乃是海
上丝绸茶路之开创者和中华茶文化之海外传播者

石竹山人 蔡镇楚题

94 大红袍

红衣使者石榴裙，岩韵流香醉帝君。
武夷天心崖上月，今宵彩袖舞祥云。

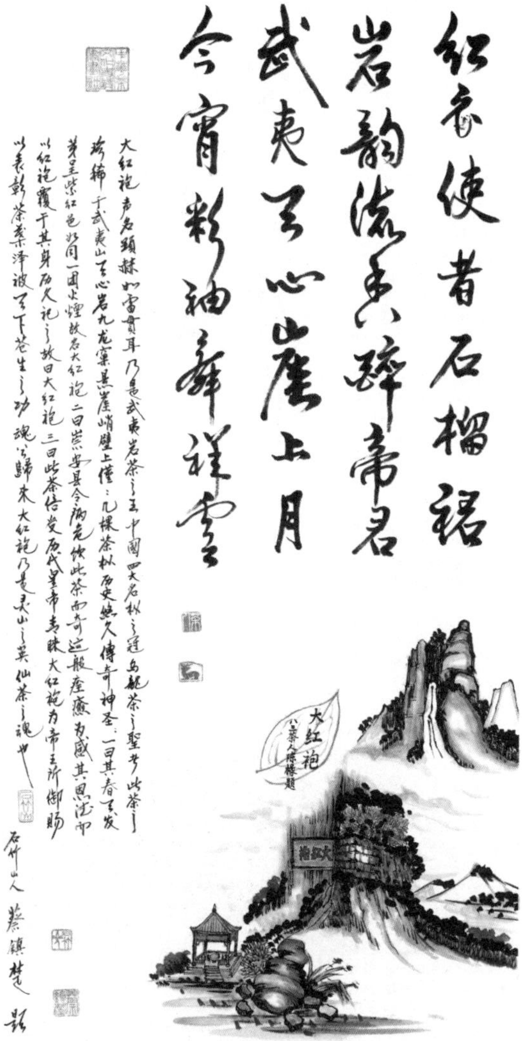

此幅诗书画图之写武夷山的大红袍，采用写实与名家题签相结合的艺术手法，以大红袍母树生长的岩壁与茶学家陈椽题字的茶叶书签为中心，以武夷山玉女峰与新修的茶亭为背景，以突出大红袍的历史辉煌与岩韵之美。

大红袍声名显赫，如雷贯耳，是武夷山岩茶之王，中国茶叶的红衣使者，四大名枞之冠。此茶之珍稀贵重，在于武夷山天心岩九龙窠的悬崖峭壁上，仅有几棵名枞母树，传奇而神圣：一曰此茶树春天发芽呈现紫红色，远远望去，如同一团火焰，故名大红袍；二曰崇安县令久病无疗治希望，饮此茶而奇迹般地痊愈。为感其恩德，而特制一件大红袍覆盖其身上，日久天长，故名大红袍；三曰此茶备受历代帝皇称许，被指定为帝王之饮，故御赐名“大红袍”，以表彰武夷山茶叶惠泽天下苍生之功。

毛泽东主席一生，特别喜欢大红袍。1945年4月，中国共产党第七次全国代表大会召开。根据中共中央指示，福建省的七大代表范式人等，1939年9月从崇安县出发，带着一包大红袍，通过敌人封锁线，万里跋涉，历经千辛万苦，风尘仆仆，1940年12月到达延安。代表团团长范式人兴致勃勃地将随身带的那包大红袍，送到毛泽东主席的杨家山窑洞里。主席非常高兴，说道：“谢谢！谢谢！”范式人走后，主席迫不及待要警卫员打开包看看、闻闻，警卫员惊叫起来：“哇——起霉了！”主席赶紧制止他：“别叫！别叫！给我闻闻。”警卫员送到主席面前，让主席闻闻，主席抬起头来，说：“保密，千万保密！别让人知道了——这是一片心意呀！”1949年福建解放后，福州军区司令员叶飞记得要给毛主席送大红袍去，立即指派一连解放军驻扎在武夷山天心岩，保护大红袍母树。

如今的《印象大红袍》，以大型山水情景片，将武夷山水一壶茶浓缩成大红袍为标志的茶叶故事片，如诗如画、如梦如幻，大雅大俗，雅俗共赏，乃是武夷山茶文化历史与现实的结晶，也是中华茶文化的经典之作。

95 祁门红茶

祁门红燕款款飞，英国王妃开翠闱。
红韵流香三万里，醉煞欧美雪霏霏。

此幅诗书画图之写祁门红茶之美，运用夸张与意象化的艺术手法，截取西方美女的面相，突出其视野中的两片绿色茶叶与美妙无比的中国茶杯，以滚滚波涛与翩翩飞燕为自然意象，旨在衬托祁门红茶在西方茶人心目中的独特审美价值与崇高地位。

你是翩翩飞燕，你是展翅翱翔的海鸥，你是和平友好的使者。历史上的中国红茶，千姿百态，气象万千，有祁红、建红、湖红、滇红、宁红、英红等著名的红茶品牌。祁门红茶，亦称祁门工夫茶，简称祁红。中国祁红与印度大吉岭红茶、斯里兰卡乌伐季节茶，并称为世界三大高香型红茶。

祁红，即祁门红茶，以安徽祁门的楮叶种茶为原料精制而成，外形条索细紧苗秀，粗细大小匀整，锋苗显露，色泽乌黑而泛灰光，人称宝光；内质香郁似蜜，蜜韵斐然，沁人心脾，此乃祁门香也。祁红始于清朝光绪初年，以其独特的花蜜香闻名，汤色红亮，滋味醇厚，隽永无穷，而备受欧美皇室之青睐，多次荣获国际茶叶金奖。

祁红如翩翩红燕，飞过重洋，英伦称赏，戏称其为王子茶，系英美皇室风行的下午茶之最佳茶品。故铭曰：祁红如虹，丽泽天穹；祁红神韵，醉煞西东。

祁门红燕颜三春
英园王妃呷翠闹
红韵淑来三梦里
辞赋欧美雪霏霏

祁门红茶六探祁门玉衣简称祁红其印度大吉岭茶斯里兰卡乌戈季
卾茶莱棕为世界三大高香型红茶祁红从祁门诸菜种为原料精制而成外研茶
条细紧甚为细细大小匀整锋苗显露色泽乌黑而泛灰光人称宝光内质香气
宝雲韵丰然爱人心脾此乃祁门香也祁红始于清代光绪初年十叶神村
祁门具润龟红茶洪家语翠具永家窖西南发欧美青睐多次获园际金
奖英伦戏饮之为王子茶居英美皇窒下午茶之最佳茶品 祁红如红丽泽玉宝
祁红孟你辞赋西束
石竹山人 蔡镇楚影

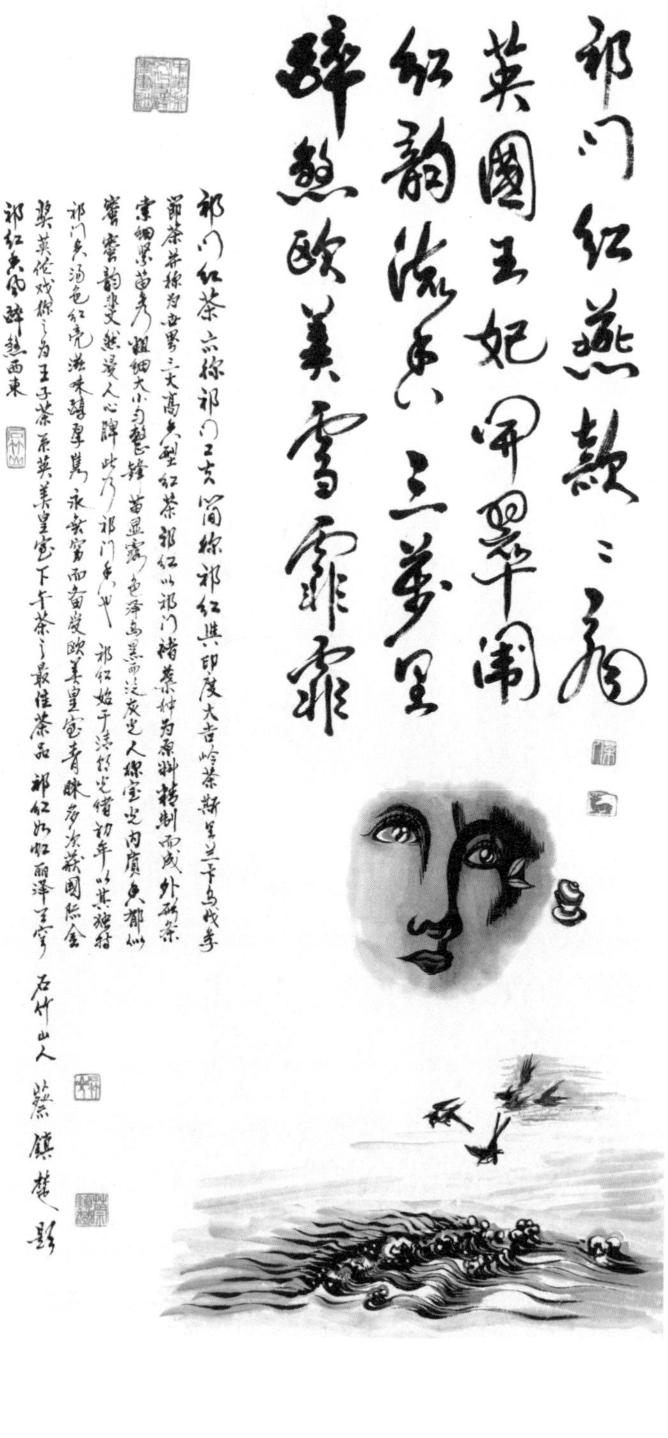

96 爱情碧螺春

波光千里醉阿哥，香艳无边映碧螺。
侬本太湖仙茗女，碧螺春色染香莎。[1]

[1] 波光千里：形容太湖之浩瀚。香艳：指太湖与洞庭山的美丽芳香，映照着青翠的碧螺峰。侬：我，女子自称。碧螺春色：形容太湖茶碧螺春之美色。香莎：香草，写碧螺春散发着香草的芬芳。莎，读古音，梭。

此幅诗书画图之写江苏太湖出产的碧螺春之美，运用浪漫的笔调与意象化的手法，以历史与民间传说为依据，以太湖茶女碧螺与青年渔郎美丽动人的爱情故事为主题，以碧螺峰与太湖水为自然意象，以突出碧螺春茶品牌的历史渊源、文化底蕴与珍贵价值。

关于碧螺春，有一个故事传说，它是动人的爱情凝聚的硕果。江苏太湖洞庭山有座碧螺峰，原产名茶，人呼“吓煞人香”。清人宋荦以此茶进贡，康熙皇帝品尝之，以为此茶品不错。问及何为此名，宋荦讲述茶名来历，康熙听了说：故事感人，则茶名太俗。宋荦趁机请皇上赐名，康熙提笔写下“碧螺春”三个大字。宋荦如获至宝，“碧螺春”茶名风传太湖茶乡。

碧螺春，乃中国十大名茶之一，其名出自宋荦向康熙皇帝陈述的美丽动人的民间传说：太湖洞庭山有女名碧螺，勤劳俭朴，善歌，为青年渔民所爱慕。太湖恶龙作恶百姓，欲选美女碧螺。百姓不从，恶龙则劫取碧螺而去。渔民阿祥挺身而出，潜入湖中，与恶龙搏斗，交战七昼夜，阿祥身负重伤。百姓群起助战，斩杀恶龙，救出碧螺和阿祥。勇士生命垂危，碧螺等采药于湖滨山麓，在阿祥负伤流血处，发现长出一株茶树，则移栽至山峰。春分、清明甫过，茶树长出新芽。碧螺口衔着一颗颗灵芽，然后泡成茶汤，一口口送进阿祥嘴里。阿祥饮之，伤势迅速好转，而碧螺姑娘元气殆尽，憔悴而亡。阿祥悲痛欲绝，将碧螺埋葬于茶树之下，自己终生守护着。故有碧螺峰之名，也有康熙皇帝所赐“碧螺春”三个字。

97 | 安溪铁观音

安溪茶园次第开，观音南海翩翩来。
乌龙长作菩提色，幸运王郎梦闽台。

铁观音，是一尊南海观音，是茶文化的一帘美梦。

此幅诗书画图之写安溪铁观音之美，运用民间传说与自然意象化相结合的艺术手法，以佛光离合的南海观音为构图中心，以山岳、海浪、莲花与春燕为自然意象，描写安溪茶人与南海观音的因缘契合，旨在突出安溪铁观音茶的佛教文化内涵与品牌价值。

铁观音名茶之由来，饱含福建安溪茶人对大慈大悲观音菩萨最虔诚的祝福：一说清乾隆年间，安溪茶农魏饮夜梦石缝中长出一株茶树，枝繁叶茂，散发出兰花芳香。次日上山砍柴，果然见之，便移栽至自家茶园。此株茶树，茶叶重似铁板，色、香、味俱佳。茶农以为系观音所赐，将其命名为铁观音。另一说是，茶农王士谅的制茶工艺精湛，被选为闽茶贡品。乾隆皇帝品尝之，称许不已，赐名为南海铁观音。

铁观音之名，一为神赐，二为御赐，神人合一，乃安溪铁观音者也。安溪铁观音，属于乌龙茶之精品，是中国十大名茶之一。

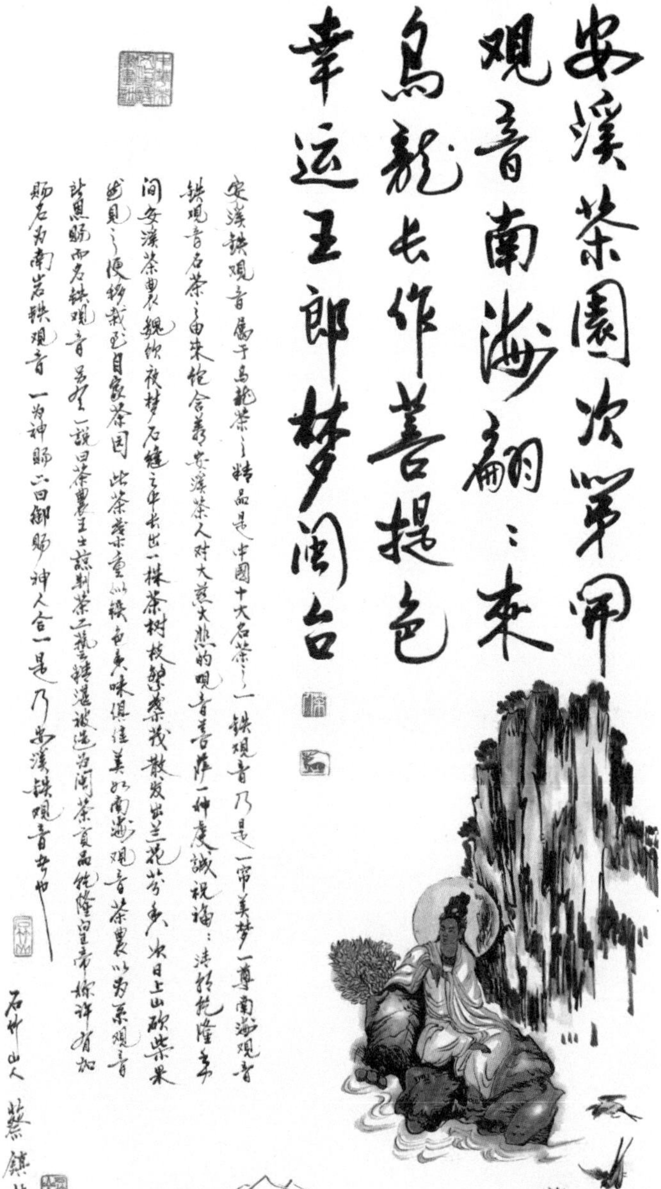
安溪茶園次第開
观音南海翩翩来
烏龍长作菩提色
幸运王郎梦闽台
安溪铁观音属于乌龙茶之精品是中国十大名茶之一铁观音乃是一帘美梦一尊南海观音
铁观音名茶之由来饱含着安溪茶人对大慈大悲的观音菩萨一种虔诚祝福 传说乾隆年
间安溪茶农魏饮夜梦石缝之中长出一株茶树枝繁叶茂散发出兰花芳香 次日上山砍柴果
然见之便移栽至自家茶园 此茶叶重如铁色香味俱佳美如南海观音 茶农以为系观音
所赐而名铁观音 另有一说曰茶农王士让制茶工艺精湛被选为闽茶贡品乾隆皇帝称许有加
赐名为南岩铁观音 一为神赐一曰御赐神人合一是乃安溪铁观音也
石竹山人 蔡镇楚题

98 | 太平猴魁

太平猴魁吐兰香，两叶抱芽进洞房。
绿韵含苞羞女意，百年和合谱华章。

此幅诗书画图之写安徽黄山毛峰与太平猴魁之美，运用写实与意象化的联想相结合的艺术手法，以想象中的绝代兰花美女为主体，以莲荷下的戏水鸳鸯与翩翩春燕为衬托，描写太平猴魁的形态之美与兰花之香，突出“太平猴魁”名茶的品牌价值与时代现实意义。

猴魁者，即齐天大圣孙悟空。当今之世界，颇多妖精；唯有孙大圣火眼金睛，手挥金箍棒，三打白骨精，方能天下太平，故名之太平猴魁。无独有偶，安徽亦有太平猴魁，兰花型绿茶，盛产于安徽黄山太平湖畔，系尖茶之极品，中国十大名茶之一，曾获巴拿马万国博览会金奖。

太平猴魁名茶，以色香味形独具一格取胜。其独有之猴韵与兰花香，令人陶醉；二叶抱芽，与绿毫含苞之态，如同夫妻和合之美，让人心动潮涌；花香高爽，经久耐泡，韵味无穷，如天地融和，乾坤交合，相续相禅，生生不息。此情此景，无不令人心醉。

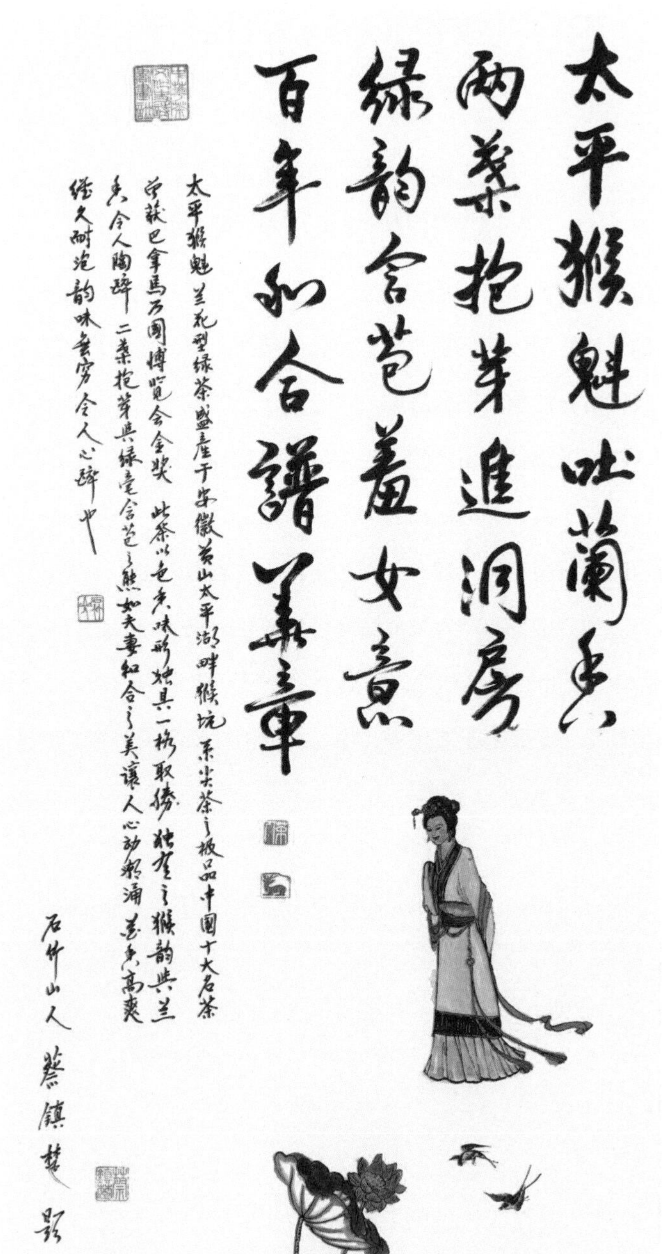
太平猴魁吐蘭香
兩葉抱芽進洞房
綠韻含苞羞女意
百年和合譜華章
太平猴魁 兰花型绿茶盛产于安徽黄山太平湖畔猴坑 系尖茶之极品 中国十大名茶
曾获巴拿马万国博览会金奖 此茶以色香味形独具一格取胜 独具之猴韵与兰
香令人陶醉 二叶抱芽与绿毫含苞之态如夫妻和合之美 让人心动粥涌 兰香高爽
经久耐泡 韵味无穷 令人心醉也
石竹山人 蔡镇楚 题

99 | 中原与信阳毛尖

芽头索细披茸毫，碧绿明净香气高。
辽阔中原明月夜，信阳云雾润尔曹。

此幅诗书画图之写河南信阳毛尖之美，运用写实与意象化相结合的艺术手法，先描绘其茶叶外形的形态之美，而后以自然意象化的笔法，以洛阳牡丹之美与茶具之美，来形容信阳毛尖茶区的自然生态环境之美。

辽阔中原，唯有河南信阳出产信阳毛尖，芽头索细，锋苗挺秀，圆值如针，白毫茸微，碧绿香高，味醇干爽，是河南南部大别山区之云雾灵芽，民国四年（1915年）曾荣获巴拿马万国商品博览会金奖，1959年评为中国十大名茶之一。

中国茶区，大致以北纬30°为黄金纬度带和神秘文化带。人们以为“吴楚山谷间，气清地灵”，是中国茶叶的最佳产地。高温度之茶区，以河南信阳、山东日照、陕西汉中为代表，而信阳毛尖是其名茶之优者，堪与其洛阳牡丹媲美，弥足珍贵。

芽頭索細披茸毫
碧綠明淨香氣高
遼闊中原明月在
信陽雲霧潤尔曹

辽阔中原唯有河南信陽出產名優綠茶 信陽毛尖 芽頭索細鋒苗挺秀 圓直如針 白毫茸繳 碧綠香高 味醇甘爽 是河南南端大別山山区之雲霧灵芽 民國四年曾榮獲巴拿馬萬國商品博覽会金獎 一九五九年被評為中國十大名茶之一 中國茶区以北緯三十度為黃金緯度帶和神秘文化帶。果林山谷間 氣清地灵。是茶葉的最佳產地 高緯度之茶区以河南信陽、山東日照和陝西汉中為代表 而信陽毛尖是其名優者 彌足珍貴也 堪與其洛陽牡丹媲美焉

石竹山人 蔡鎮林 題

100 | 鲁迅与茶

茶缘天地笔生花，一代文豪爱喝茶。
清福灵芽家国梦，杯中云霓浣溪沙。

此幅诗书画图，采用写实笔法，以泰山与茶杯为艺术陪衬，以鲁迅先生手握如椽之笔凝神思索为主体，描写大文豪鲁迅先生与茶结缘的故事。

中国文人爱喝茶，以茶待客，以茶交友，以茶养生，以茶明志，以茶养廉，以茶论道，品茶品味品人生。鲁迅先生亦然。

鲁迅（1881—1936年），原名周树人，字豫才，浙江绍兴人，中国现代伟大的文学家。绍兴出好茶，陆羽《茶经》盛赞绍兴茶，其“日铸茶”自宋代被列为贡品。明代，绍兴的“兰雪茶”，曾盛行京师。鲁迅一生与茶结下不解之缘，爱茶、喝茶，常与一批文学青年，一起品茶，聊天论道，为人为文，刚正不阿，风骨铮铮，注重国民精神，既是一代文学青年的导师，又是伟大的革命文学家。他笔底生花，在《狂人日记》、《朝花夕拾》和《野草》等作品中描写茶。他在《喝茶》一文中写道：“有好茶喝，会喝好茶，是一种清福。不过要享这种清福，先必须有工夫，其次是练出来的特别的感觉。”

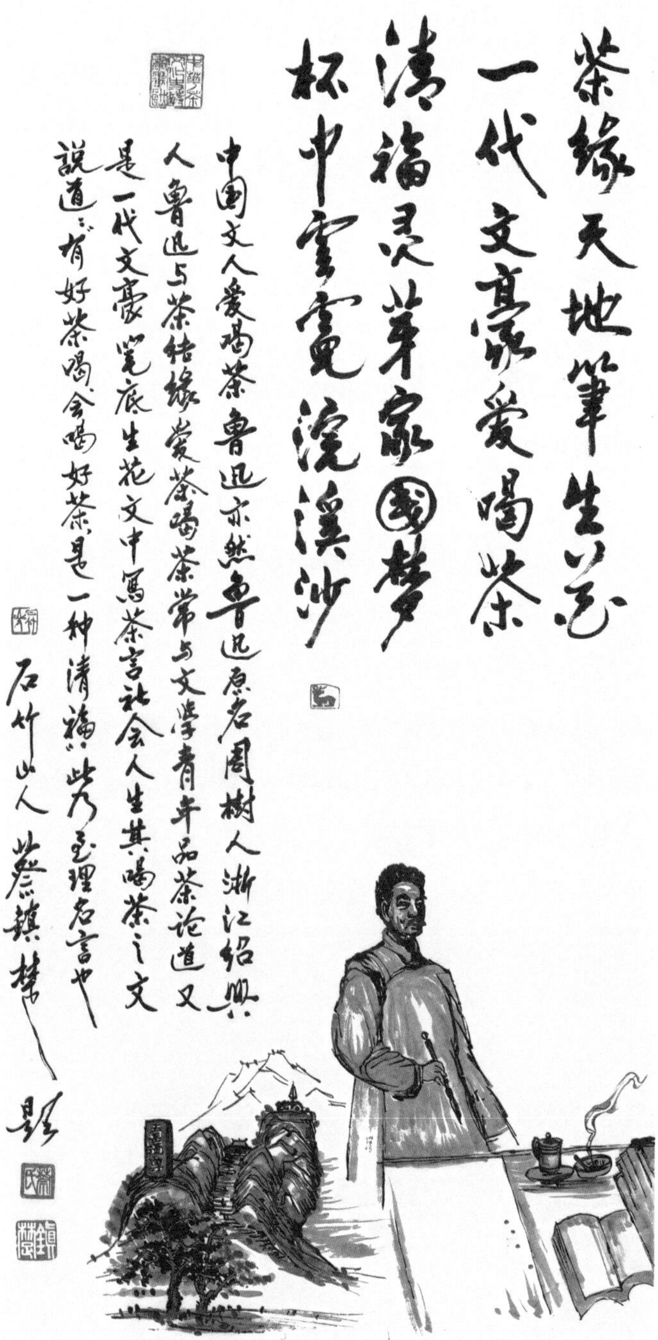
茶缘天地笔生花
一代文豪爱喝茶
清福灵芽家国梦
杯中云霓浣溪沙
中国文人爱喝茶鲁迅亦然鲁迅原名周树人浙江绍兴
人鲁迅与茶结缘爱茶喝茶常与文学青年品茶论道又
是一代文豪笔底生花文中写茶言社会人生其喝茶之文
说道：有好茶喝会喝好茶是一种清福此乃至理名言也
石竹山人 蔡镇楚 题

101 ｜孙中山“茶为国饮”

悠悠茶史五千年，岁月轮回食为天。
国父孙文倡国饮，壶中日月戏清泉。

此幅诗书画图孙中山倡导“茶为国饮”，采用历史写实与自然意象化相结合的艺术手法，以国父孙中山画像为中心，以中国茶乡的自然生态环境之美为背景，书写孙中山先生将“茶为国饮”列入《建国方略》的伟大决策，开中国茶史之先河，为中华茶业复兴矗立起一块新的里程碑。

湖南城头山遗址与浙江余姚田螺山遗址先后出土的大量野生茶树和陶器茶具，都已经证明：早在六七千年以前，中国先民则已经种茶饮茶。悠悠茶史，何其久远。岁月轮回，中国人的生活方式与茶结缘，“开门七件事：柴米油盐酱醋茶”是也。故国父孙中山之《建国方略》，倡导“茶为国饮”。

“茶为国饮”，这是国父孙中山先生伟大的战略决策与热切召唤。鼎中茶，杯底月。茶之为饮，当今之世，科学技术越是迅猛发展，人类的生存环境备受破坏，中华茶叶的饮用价值和保健功能，则越加显得显著。

喝茶去！中国人要与茶同行、与茶同乐、与茶同寿。

悠悠茶史五千年
岁月轮回食为天
國父孫文倡國飲
壺中日月載清泉

湖南澧縣城頭山出土的野生茶樹群與大量陶罐茶具浙江余姚田螺山遺址出土的茶樹根與陶器足以證明中國先民早在六七千年前則已种茶飲茶悠悠茶史何其久遠岁月輪回中國老百姓之生活方式與茶結緣开门七件事柴米油鹽醬醋茶是也 故國父孫中山之建國方略倡导茶为國飲 鼎中茶 杯底月 茶之为飲其社會價值遠遠超过中國人奉献给人類文明的四大发明 當今之世科技愈发展環境污染愈严重中華茶的飲用價值和保健功能則愈为顯著矣

石竹山人 蔡鎮楚題

102 | 茶学之光

种兰九曲杏坛香，玉树临风引凤凰。
茶学千载成体系，人才辈出写华章。

此幅诗书画图之写中国茶学，运用意象化的艺术手法，以兰花与牡丹为其意象，描写中国茶学学科的创建与繁荣发展，是中国高等教育的一大创举，如同九曲种兰与牡丹花开，展现着熠熠生辉的茶学之光。

茶学，虽然隶属于农学，却是健康之学、生命之学，是以茶为研究对象的一种学科门类，包括茶文化、茶科学和茶产业三个领域。作为一种学科门类，源于神农氏开创中国农耕文明，肇始于中唐时期茶圣陆羽《茶经》问世，而后历经千载，至20世纪30年代，广州中山大学率先开设《茶学》课程，才标志着真正科学意义上的茶学正式成立。1940年，抗日战争进入最困难阶段，转移到重庆的复旦大学，为解决大后方的茶叶战略储备，受国民政府教育部委托，在其农学院创立茶叶系，专门设置茶叶专业，吴觉农先生担任首届系主任，开创了中国高等院校正式设置茶学专业、培养茶学专业人才的先河。

中国茶文化与茶科学，在世界茶行业领域处于领先地位。茶学学科之崛起，“三茶统筹”之决策，中国茶叶科学研究和人才培养基地之建设，是中国茶业复兴的优势之所在。种兰九曲，杏坛茶香。当今之世界，中国创办有茶学专业的高等院校，培养的专科生、本科生，又增加硕士、博士、研究生，茶学人才辈出，研究成果丰硕，有浙江农大、安徽农大、湖南农大、西南农大、四川农大、华中农大、华南农大、福建农大、中国农大、山东农大等，加之江南产区各省市农科院的茶叶研究所，它们犹如日月之光华、群星之灿烂者。

103 中国茶叶 1915 年荣获巴拿马万国博览会金奖

海上运来鸦片烟，灵芽中国泪涟涟。
凤凰浴火重生日，世界金奖喜冲天。

此幅诗书画图写1915年中国茶叶荣获巴拿马国际博览会金奖，采用写实的笔法，以巴拿马万国博览会场景为背景，以中国参展团总监督陈琪画像与郑孝胥的《中国参与巴拿马太平洋博览会纪实》题签为中心，描写1915年中国茶叶第一次参展国际博览会就获得金奖之喜讯，再次说明自从鸦片战争以后，中华茶业虽被西方列强疯狂打压却依然顺利获奖，乃是中华茶业复兴的前奏曲，展现中华茶业的希望之光。

拾起弹落的皇冠，国家不幸茶家幸。此时的中国茶业正处在被西方列强打压而衰落阶段。1915年，巴拿马国际博览会所获得的一系列国际茶叶大奖，如同东风西渐，紫气东来，标志着中国茶叶的优势还在，中国茶人的民族精神还在，中国茶叶的国际认同与日俱增。中国是茶叶的故乡，历史悠久的中华茶业之各种优势，是世界任何地区的茶叶难以取代的，中国作为茶叶王国的历史地位是西方列强难以动摇的。这是历史，也是现实。

2015年，中国茶叶首获国际大奖100周年之际，回忆中国茶业身处逆境中而获得殊荣的历史辉煌，我们后代茶人倍感振奋。凤凰浴火，涅槃重生。他们是民族的脊梁，值得后人敬仰，也深感中国茶人肩负中茶复兴之任重道远。

海上運來鴉片煙
靈芽中國泪漣漣
鳳凰浴火重生日
賽會金獎喜冲霄

鴉片戰爭烽火硝烟導致華茶衰落 然而
中國茶人奮起抗争 揩拭彈落的皇冠 一九一五巴拿馬太平洋
万國博覽會中國第一次參展 華茶一舉奪魁 獲四十四項大獎
其中金獎二十一項 中國茶葉再創歷史輝煌

石竹山人 蔡鎮楚 題

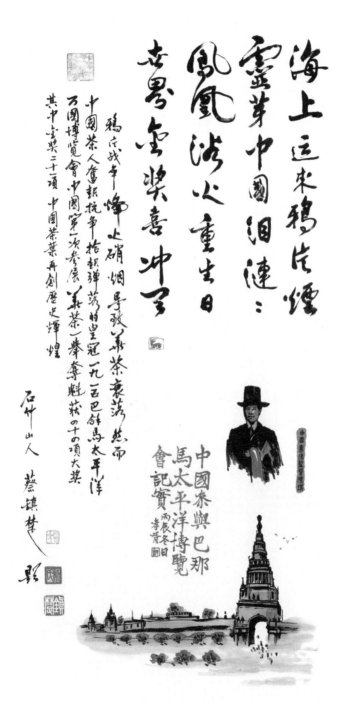

104 | 吴觉农与中国茶叶总公司

烽鼓连天义气填，全民抗战起风焰。
凤凰浴火涅槃日，王者归来慰圣贤。

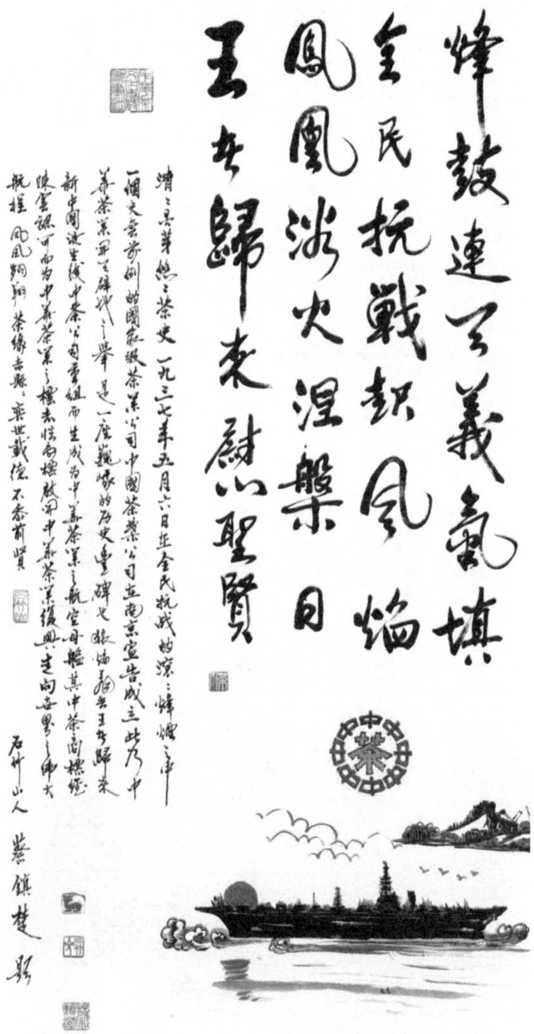

此幅诗书画图之写中国茶叶总公司成立，运用意象化的艺术手法，以“中茶”商标为标志，以乘风破浪的航空母舰及天际冉冉升起的朝阳为意象，描述中国茶业总公司的诞生，标志着中华茶业复兴的龙头企业正在奋进中崛起。

济济灵芽，悠悠茶史。1937年5月6日，中国茶叶有限公司在南京宣告成立。这是中国第一个国家级茶叶总公司，是中国茶叶发展历程中的一个里程碑，具有开天辟地的意义。

20世纪的中国茶业，有幸涌现出以吴觉农为代表的十大茶学家，他们是中华茶业复兴的先驱者与伟大实践者。吴觉农（1897—1989年），浙江上虞人，现代著名茶学家，中国现代茶叶科学的奠基人。20世纪20年代，吴觉农发表《茶树原产地考》论文，最早论述中国是茶树的原产地，30年代又与胡浩川合著《中国茶业复兴计划》、与范和钧合著《中国茶业问题》等。

1949年11月23日，中国茶叶总公司进行重组，吴觉农先生出任总经理，陈云亲自主持设计新的中茶商标，八个红色“中”字环绕着一个粗大的绿色“茶”字，标志着这艘中华茶业航母开始新的起航。中茶公司是新中国茶业的航空母舰，也是中国茶业的一个国家级标志性品牌。吴觉农先生以其毕生精力，为中华茶业复兴而贡献自己的智慧和力量，被尊为“当代茶圣”。

“凤凰浴火，红日东升；茶缘赤县，健康中国；奕世载德，不忝前贤。”是历史的纪实、是殷切的期盼、是人民的希望，也是时代的祝福。

105 | 老舍《茶馆》

枪旗日夜借春风，南北茶馆生意隆。
博士提壶堂下客，杯中日月映苍穹。

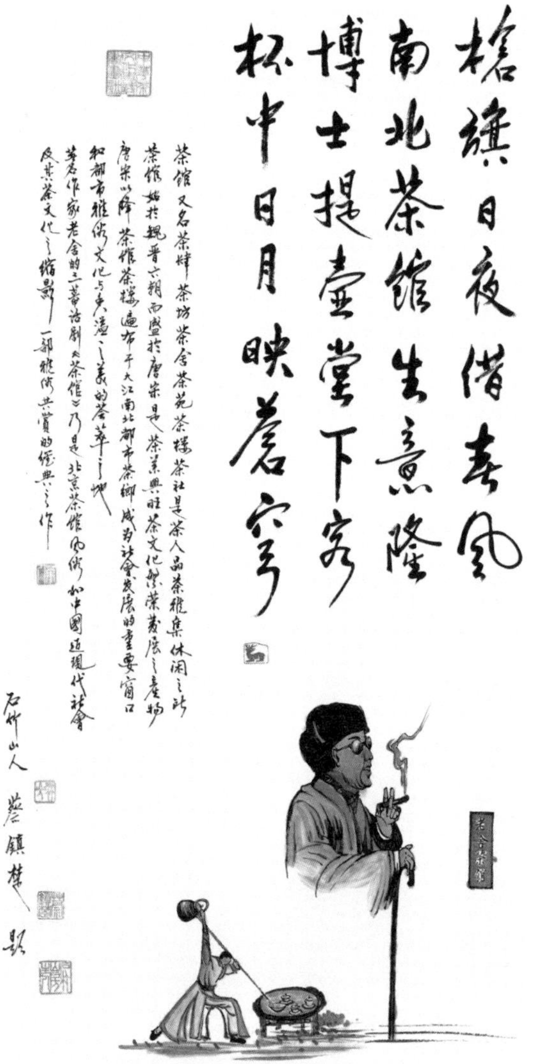

此幅诗书画图之写作家老舍的《茶馆》，采用人物特写与意象化相结合的艺术手法，以老舍创作《茶馆》为标志，以茶馆茶博士使用长嘴茶壶上茶的技艺为衬托，以作者侧影、嘴边的香烟、手中的拐杖，突出作者的祥和、睿智、沉思，描写中国茶馆的发展历程，展示老舍剧作《茶馆》的重大社会意义。

茶馆，又名茶肆、茶楼、茶坊、茶舍、茶社、茶苑等，是茶人品茶雅集休闲娱乐之所，也是中华茶文明传播的重要窗口。中国茶馆，大致起源于佛教寺院的茶寮，始于魏晋六朝，盛于唐宋，是茶业兴旺、茶文化繁荣发展的产物。唐宋以降，茶馆茶楼遍布于大江南北的都市乡间，成为中国社会文化和民间习俗汇聚的一个重要活动场所，是城乡雅俗风情与香溢之美的荟萃之地。近现代的中国茶馆有南北分野，风格各异：南方以精美雅致为美，北方以豪放粗犷为美。

老舍（1899—1966年），原名舒庆春，字舍予。因为老舍生于阴历立春，父母为他取名“庆春”，大概含有庆贺春来、前景美好之意。上学后，自己更名为舒舍予，含有“舍弃自我”，亦即“忘我”之意。他是满族正红旗人，中国著名现代小说家、语言大师、人民艺术家，新中国第一位获得“人民艺术家”称号的著名作家。他创作的三幕话剧《茶馆》，率先将茶馆搬上舞台，以茶馆为社会窗口，讲述老北京裕泰大茶馆所历经清末、民初、抗战胜利后三个阶段跌宕起伏的历史变迁，是北京茶馆风俗和近现代中国社会的一个缩影，一部雅俗共赏的经典之作。

106 北京奥运会开幕式惊现两个篆体字

北宸处处繁花竞，四海舞嘉宾。鸟巢今夜，声声笑语，美梦成真。
叶嘉神韵，悠悠茶路，携手英伦。草原飞笛，茫茫戈壁，醉我佳人。

《人月圆》

此诗书画图写2008年北京奥运会盛大开幕式，以写实与意象化相结合的艺术手法，以北京鸟巢、华表、万年青与中国运动员之跨越形态为主体，再现2008年北京奥林匹克运动会“茶和天下”的国家主题与现代辉煌。

像白雪皑皑的巍峨昆仑，像神州升腾而起的七彩祥云。2008年8月北京奥林匹克运动会开幕式文艺演出中，惊现两个巨大的篆体汉字：“茶”与“和”字。令世人惊叹不已。

茶是“和”的物质载体，“和”是茶的文化灵魂；“茶”是中华民族传统文化的重要载体和传播媒介，“和”是中华民族传统文化的精髓和灵魂。这两个汉字，既能代表中华物质文明、精神文明和生态文明，又充分展示了中华民族传统文化“和为贵”的基本精神，将中华民族的优秀传统文化的全部意蕴、思想灵魂、伟大胸襟和人格魅力，完美地展现在全人类面前，提升了中国茶的社会地位和中华茶文化的精神境界。故我以《人月圆》词牌抒写之，上片描写北京奥运会开幕式的盛况空前与美梦成真；下片着力抒写中国茶改变世界的无穷魅力。

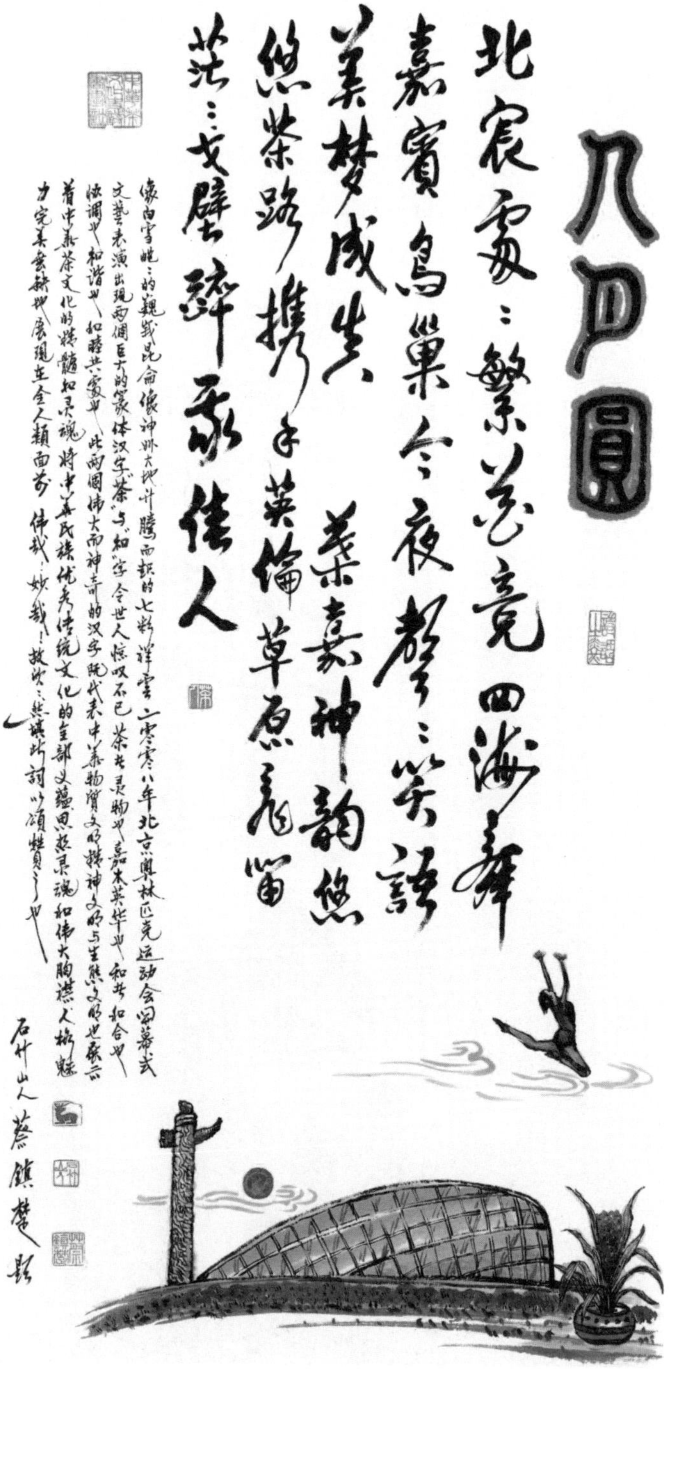
北京霞霞繁花竞四海舞
嘉宾鸟巢今夜声声笑语
美梦成真 茶嘉神韵悠
悠茶路携手英伦草原飞留
茫茫戈壁踪飘佳人
像白雪皑皑的巍峨昆仑像神州大地升腾而起的七彩祥云 二零零八年北京奥林匹克运动会开幕式文艺表演出现两个巨大的篆体汉字茶与和字令世人惊叹不已 茶者灵物也嘉木英华也 和者和合也协调也和谐也和睦共处也 此两个伟大而神奇的汉字既代表中华物质文明精神文明与生态文明世界展示着中华茶文化的精髓和灵魂 将中华民族优秀传统文化的全部文蕴思想灵魂和伟大胸襟人格魅力完美宏新地展现在全人类面前 伟哉妙哉 故欣然填此词以颂赞也
石竹山人蔡镇楚题

107 | 中华茶祖神农的确立

茶酒争锋水折枝，鹿原烟柳燕飞时。
春风秋雨群芳处，始祖神农天下仪。

此幅诗书画图之“中华茶祖神农氏的确立”，运用写实与意象化相结合的艺术手法，以茶人敬仰茶祖神农雕像与《茶祖神农》专著书影为中心，以巍巍山岳与芙蓉花开为意象，突出中华茶祖神农氏的确立，说明争论数千年的谁为中华茶祖的难题而今得以解决。

巍巍中华，悠悠茶史。谁为茶祖，争论不休。千百年来，尚无定论。或谓西汉蒙顶山的吴理真，或谓蜀汉丞相诸葛亮，或谓茶圣陆羽，各举旗号，各有敬奉，莫衷一是。中国是茶树的发源地，是茶叶的故乡。如何拨乱反正，正本清源，认祖归宗，统一思想，是中华茶文化研究的一个根本性、方向性而必须亟待解决的重大议题。

经过研究，认真探索，科学论证，湖南茶界于2007年4月，率先推出的蔡镇楚、曹文成、陈晓阳的专著《茶祖神农》，旗帜鲜明地打出中华茶祖炎帝神农氏的伟大旗帜，此乃中华茶祖文化的奠基之作。而后湖南茶业协会、茶叶学会等联手六大国家级茶业社团组织和海内外茶文化专家，连续举办两届规模空前的“中华茶祖神农文化论坛”，将论坛研究成果汇集而成《茶祖文化论》。“茶之为饮，发乎神农氏，闻于鲁周公。”一千多年前的茶圣陆羽《茶经》，早就做出这样明确的结论。

2009年谷雨节，湖南省人民政府和国家级六大茶叶社团主办、株洲市人民政府承办，在炎陵县的炎帝陵举办规模盛大的“2009中华茶祖节暨祭炎帝神农茶祖大典”，正式宣告炎帝神农氏为中华茶祖乃至世界茶祖，千年茶祖之争宣告终结。此乃五千年中华茶史上最重大的茶文化事件，是一座巍峨的历史丰碑。茶祖神农与山岳同在，与日月同辉。

108 | 2009 中华茶祖节暨祭炎帝神农茶祖大典

春光无限祭炎皇，谷雨灵芽舞霓裳。

茶祖千秋昭日月，五洲礼拜一支香。

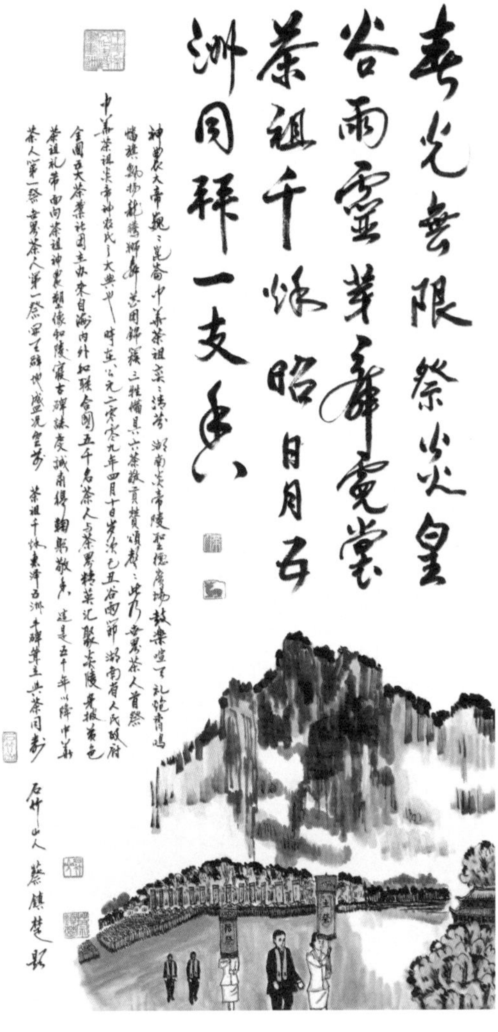

此幅诗书画图之写中华茶祖节暨祭炎帝神农茶祖大典，运用场景写实的叙事笔法，以炎帝陵祭奠中华茶祖神农的盛大场景与济济人群为中心，以炎帝陵的穆穆山岳为背景，描写中华茶祖节暨祭炎帝神农茶祖大典的空前盛况，在中华茶文化史上矗立起一座巍峨的里程碑。

谷雨节清晨。炎陵县城，大雨倾盆，路上、溪流，春水如注。来自全国和世界各国的5000多名嘉宾，望着大雨，无比惆怅。长龙似的车队照常出发，8点多钟，大雨突然停息，山林、山峰，笼罩在层层迷雾之中。此时的炎帝陵广场，幡旗、气球、地毯，从山脚绵延到圣德广场和炎帝陵神农大殿。代表们身披印有“中华茶祖节暨祭炎帝神农茶祖大典”标志的黄色礼带，庄严肃穆地依次走向广场指定区域。9点过后，炎陵一中的上千名学生，身穿统一的黄色白色服饰，整齐地排列在大殿的层层台阶上，歌唱《炎帝颂》和《神农茶歌》；退场后，礼仪队鱼贯式上三牲、六类茶礼以及五谷水果等，大典在礼炮声中正式开始，主祭、陪祭先后在礼仪小姐手举的幡旗引领下，上场跪拜，上香、敬茶、送花篮、宣读祭文，然后引领代表们瞻仰神农大殿上的神农塑像，跪拜、上香、敬茶。午门大开，鼓乐齐鸣，代表们依次进入午门，向炎帝神农氏陵寝之殿和陵墓跪拜、上香、敬茶，为首祭茶祖神农碑刻揭幕……首祭茶祖神农大典，持续到11点多，天公作美，没有下雨，云彩飘忽，缕缕阳光透过云层，照射着鹿原陂的青山绿水。中午时分，代表们乘车回到各自的宾馆，突然又下起瓢泼大雨。万众茶人莫不感叹，中华茶祖神农显灵，保佑世界茶人。

此乃中华茶人五千年以来第一祭，世界茶人三百年以来第一祭，是中国乃至世界茶文化史的一座巍峨的里程碑。

长江万里茶山图

长江谣，茶山谣，绿波万里锁金桥。
梦里千秋高辛女，无射山上又吹箫。
《潇湘神》

此长江万里茶山图，以长江为纽带，以大江南北的万里茶山为描绘对象，采用写实与意象化相结合的艺术手法，以无射山为中华茶文化史上的“圣山”，以云南独特的爨（cuàn）体字为题目，以绿色为基调，突出万里茶山之青翠与江水之灵动，展现长江万里茶山的风采神韵，不啻“青山绿水”与“金山银山”相映生辉的壮美画卷。

茶树之根在中国，茶文化之源在华夏。中国是茶树原产地，中国茶树之传播变迁，由云南而扩散于大江南北，形成四大茶区；由中国而传播到世界各个适宜于茶

长江万里茶山图（69cm × 408cm）

树生长之地，形成世界其大茶区，由大小乔木至于灌木，因地域之别而异，以茶叶之芽而饮，乃南方嘉木之英。茶山乃是茶树之渊薮，茶叶之荟萃，绿色之海洋，如天地之大观。万里长江孕育着中国的万里茶山；万里茶山，是绿色茶叶的摇篮，也是中华茶文化的温床，成就一个茶叶王国，滋润了改变世界的中国茶叶。中国著名茶山，太姥山、武夷山、顾渚山、黄山、庐山、大别山、南岳衡山、舜皇山、雪峰山、武陵山、梵净山、峨眉山、蒙顶山、普洱大茶山等，都集中在秦岭淮河之南的长江流域，北纬30° 黄金纬度带与神秘文化带，西起云南，东至海峤，瓜瓞绵绵，崎岖不绝，横跨中国南方各省区，孕育万里长江生态文明，实乃茶美学的取精用弘、开物成务也。

美哉！中国长江流域，特定的自然生态环境，天造地设，山水契合，阴阳调和，刚柔相济，彰显中国万里茶山之美。妙哉！中国茶山之美，美在绿色生命之勃发生机，美在审美形态之千姿百态。噫吁嚱！绘彩霞之千重，茶运中华；引雷霆以万钧，茶和天下。

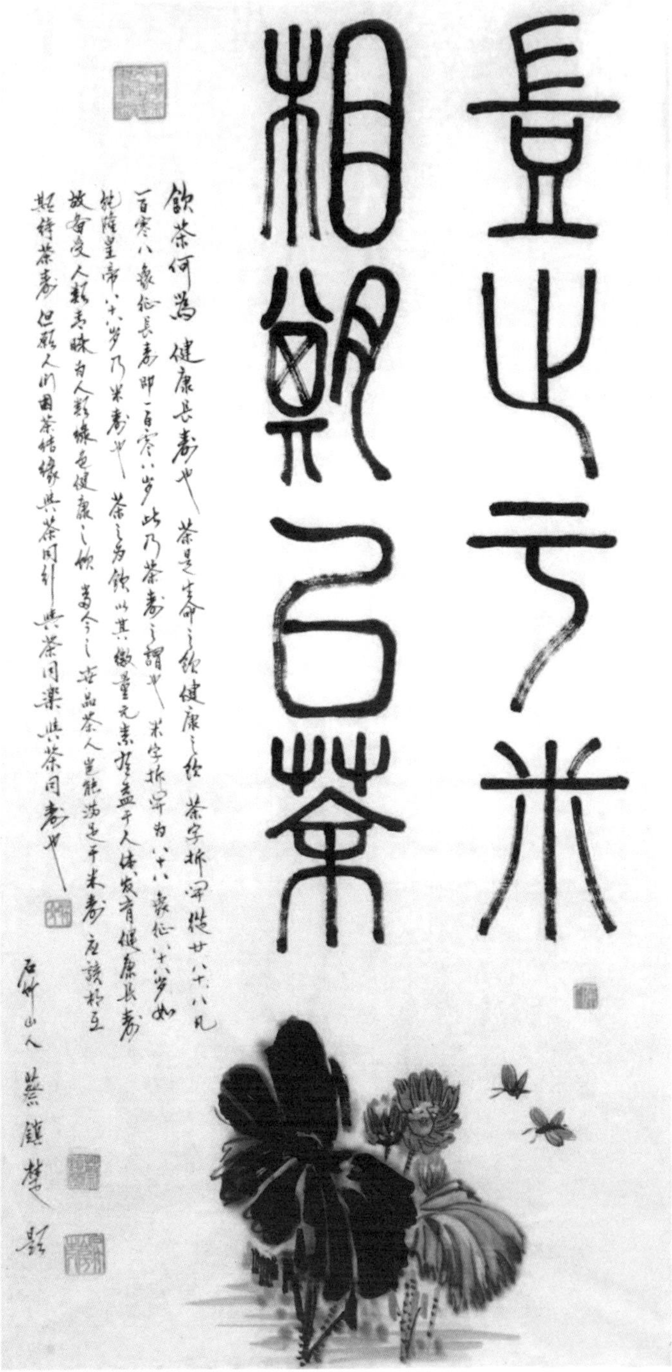

结 语

岂止于米 相期以茶

品茶何为？一言以蔽之曰：品茶品味品人生。

饮茶何益？一言以蔽之曰：健康长寿也。茶之为饮，是绿色之饮、健康之饮、生命之饮。茶字拆开，从艹、八十、八，总数凡108，象征108岁，此乃谓之“茶寿”；清朝的乾隆皇帝嗜茶，八十八岁去世，是“米寿”，米字拆开，为八十八岁。当今之世，全世界的茶人，以茶为饮，岂能满足于“米寿”，而相互期盼、追求的应该是“茶寿”。

2014年春，国家主席习近平在布鲁塞尔欧洲学院演讲时，明确倡言品茶之意在于“品茶品味品人生”。茶的本质属性是以清苦为美，“清”者，明也，净也，洁也，纯也，和也；清和明净，纯洁清和之谓也。“苦”者，味也，良也，甘也，美也；甘美味良之谓也。陆羽《茶经》指出：“啜苦咽甘，茶也。”乾隆皇帝《味甘书屋》诗自注云：“茶之美，以苦也。”可见，但凡好茶入口则有清苦之味，咽下去却生甘甜之美。这就是“啜苦咽甘”，先苦而后甜，如同社会人生，艰难困苦，玉汝于成。我真诚祝愿世界爱茶人，与茶结缘，与茶同行，与茶同乐，与茶同寿。

蔡镇楚茶事活动及其茶诗词书画选辑

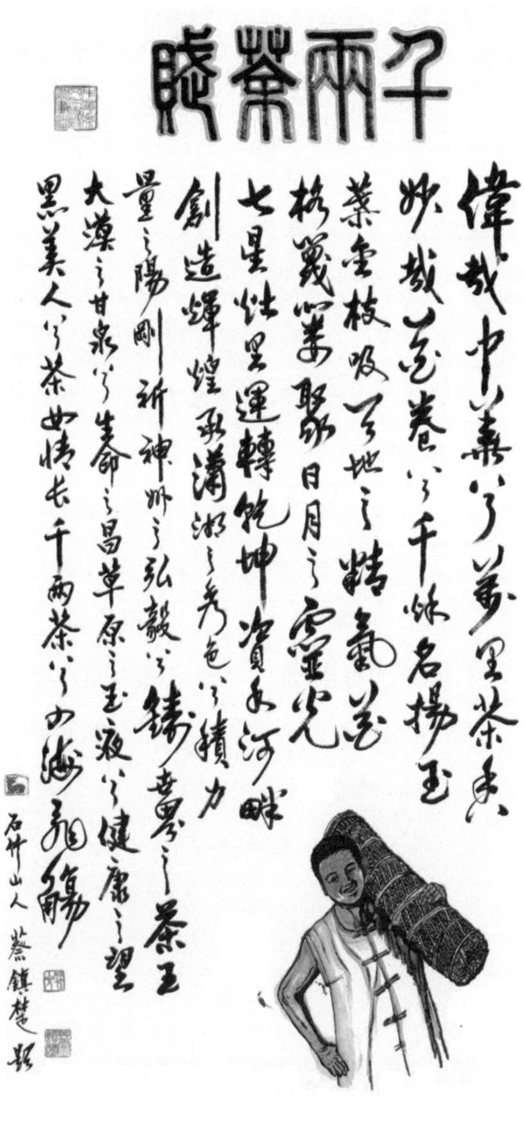

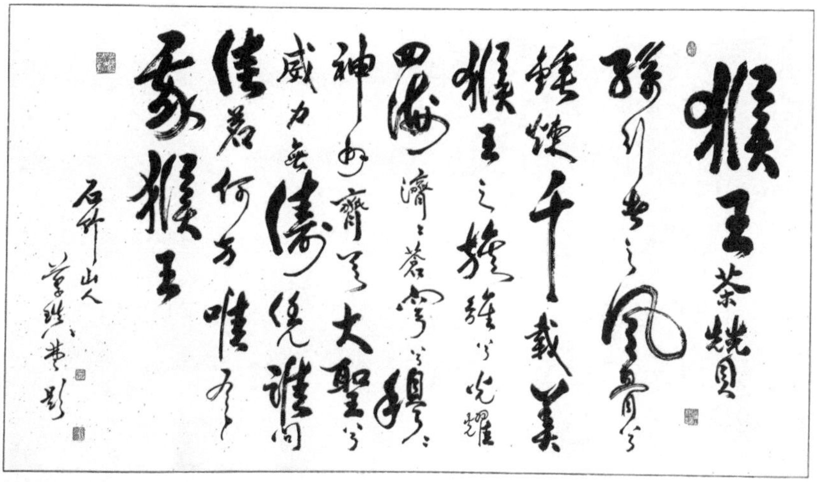

2007年7月为湖南中茶“猴王花茶”品牌而题

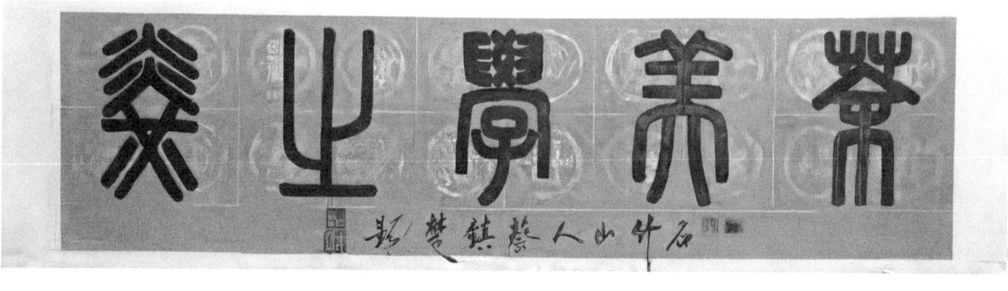

茶美学之光

以诗词为心

2016 年 7 月《灵芽传》初稿草成留影

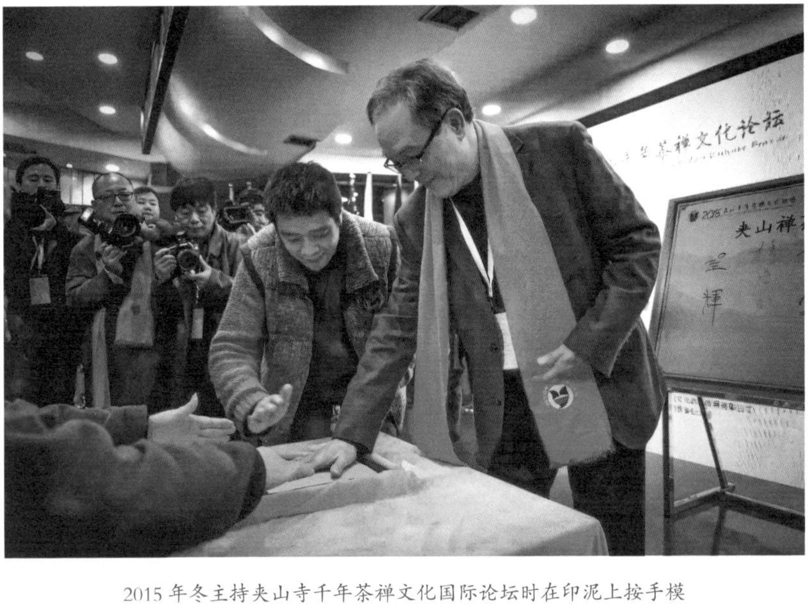

2015 年冬主持夹山寺千年茶禅文化国际论坛时在印泥上按手模

1970 年 9 月梅子夫人油画像

2016 年冬月作者在贵州梵净山思南高山茶园考察

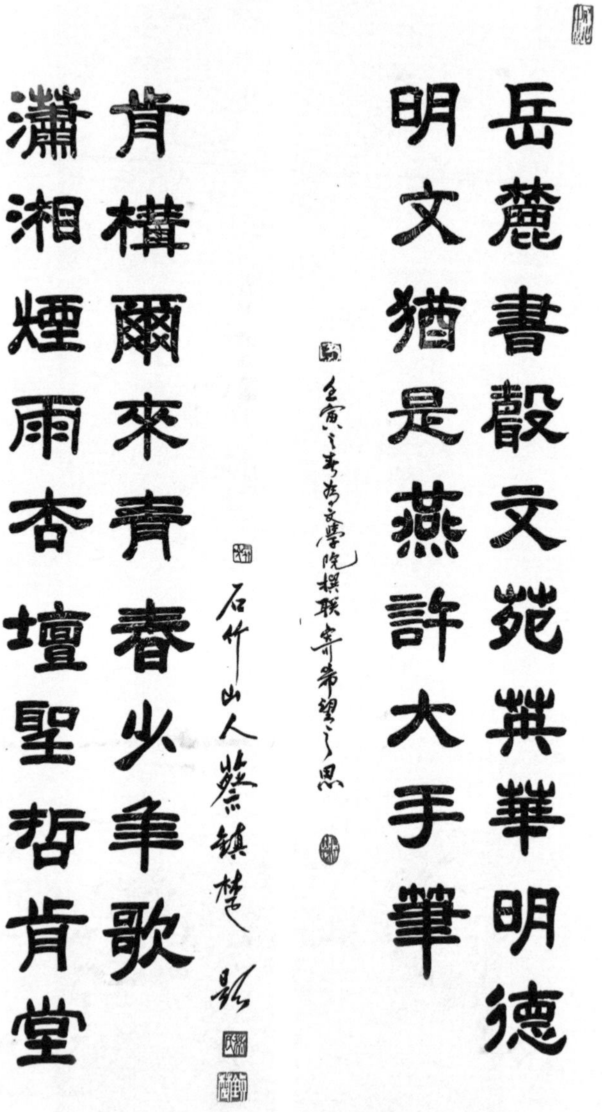
岳麓書轂文苑菁華明德
明文猶是燕許大手筆
壬寅之春為文學院撰聯 寄弟望之 思
肯構爾來青春少年歌
瀟湘煙雨杏壇聖哲肯堂
石竹山人蔡鎮楚 題

2021 年谷雨节，作者以茶祖文化理论奠基人身份应邀出席中华茶祖节暨祭炎帝神农茶祖大典

主要参考书目

1. 陆羽.茶经[M].刘峰,译注.北京：中国经济出版社，2022.

2. 陈彬藩.中国茶文化经典[M].北京：文化艺术出版社，1995.

3. 陈宗懋.中国茶经[M].上海：上海文化出版社，1992年.

4. 陆松侯，施兆鹏.茶叶审评与检验[M].北京：中国农业出版社，2001.

5. 中国茶叶总公司.中国茶叶五千年[M].北京：人民出版社，2001.

6. 徐海荣.中国茶事大典[M].北京：华夏出版社，2000.

7. 陈宗懋.中国茶叶大辞典[M].北京：中国轻工业出版社，2000.

8. 朱先明.湖南茶叶大观[M].长沙：湖南科技出版社，2000.

9. 林治.中国茶道[M].北京：中国工商联合出版社，2000.

10. 蔡镇楚.中国品茶诗话[M].长沙：湖南师范大学出版社，2004.

11. 蔡镇楚.中国美女诗话[M].长沙：湖南师范大学出版社，2006.

12. 蔡镇楚，曹文成，陈晓阳.茶祖神农[M].长沙：中南大学出版社，2007.

13. 蔡正安，唐和平.湖南黑茶[M].长沙：湖南科技出版社，2006.

14. 黄仲先.中国古代茶文化研究[M].北京：科学出版社，2010.

15. 张维华.中国古代对外关系史[M].北京：高等教育出版社，1993.

16. 吴兴勇.炎黄源流图说[M].南昌：江西教育出版社，1996.

17. 王钊.道家思想史纲[M].长沙：湖南师范大学出版社，1991.

18. 孙其峰.中国画技法[M].北京：人民美术出版社，1992.

19.《中国花鸟名画鉴赏》编委会.中国花鸟名画鉴赏[M].北京：九州出版社，1998.

20. 蔡镇楚.茶禅论[J].常德师院学报（社会科学版），2002，27（1）.

21. 蔡镇楚.茶美学[M].福州：福建人民出版社，2014.

22. 蔡镇楚.世界茶王[M].北京：光明日报出版社，2018.

23. 李昉.太平广记[M].北京：中华书局，2013.

24. 梅维恒，郝也麟.茶的真实历史[M]. 高文海，徐文堪，译.北京：生活·读书·新知三联书店，2018.

25. 李鸿基，周静霏.茶道与建盏[M].北京：中国友谊出版公司，2016.

26. 刘章才.英国茶文化研究1650—1900[M].北京：中国社会科学出版社，2021.

图书在版编目（CIP）数据

灵芽传：中华茶文化史诗书画谱 / 蔡镇楚著. --
北京：五洲传播出版社, 2024.5
ISBN 978-7-5085-5233-0

Ⅰ. ①灵… Ⅱ. ①蔡… Ⅲ. ①茶文化—文化史—中国—图集 Ⅳ. ①TS971.21-64

中国国家版本馆CIP数据核字(2024)第100503号

灵芽传，中华茶文化史诗书画谱

作　　者：蔡镇楚
责任编辑：李佼佼
特约校对：许晓徐
装帧设计：山谷有魚
出版发行：五洲传播出版社
地　　址：北京市海淀区北三环中路31号生产力大楼B座6层
邮　　编：100088
发行电话：010-82005927，010-82007837
网　　址：http://www.cicc.org.cn，http://www.thatsbooks.com
印　　刷：北京市房山腾龙印刷厂
版　　次：2024年5月第1版第1次印刷
开　　本：710mm × 1000mm　1/16
印　　张：15.5
字　　数：180千
定　　价：108.00元